U0257736

权威·前沿·原创

皮书系列为
"十二五""十三五""十四五"时期国家重点出版物出版专项规划项目

BLUE BOOK

智 库 成 果 出 版 与 传 播 平 台

河北食品安全蓝皮书

BLUE BOOK OF FOOD SAFETY OF HEBEI

河北食品安全研究报告（2022）

ANNUAL REPORT ON FOOD SAFETY OF HEBEI (2022)

主　编／何江海　金洪钧

副主编／贝　军　张　毅　彭建强

社会科学文献出版社

SOCIAL SCIENCES ACADEMIC PRESS (CHINA)

图书在版编目（CIP）数据

河北食品安全研究报告. 2022 / 何江海，金洪钧主编. --北京：社会科学文献出版社，2022.9
（河北食品安全蓝皮书）
ISBN 978-7-5228-0604-4

Ⅰ.①河… Ⅱ.①何… ②金… Ⅲ.①食品安全-研究报告-河北-2022 Ⅳ.①TS201.6

中国版本图书馆 CIP 数据核字（2022）第 154778 号

河北食品安全蓝皮书
河北食品安全研究报告（2022）

主　　编 / 何江海　金洪钧
副 主 编 / 贝　军　张　毅　彭建强

出 版 人 / 王利民
责任编辑 / 高振华
责任印制 / 王京美

出　　版 / 社会科学文献出版社·城市和绿色发展分社 （010）59367143
　　　　　地址：北京市北三环中路甲 29 号院华龙大厦　邮编：100029
　　　　　网址：www.ssap.com.cn
发　　行 / 社会科学文献出版社 （010）59367028
印　　装 / 三河市东方印刷有限公司

规　　格 / 开　本：787mm×1092mm　1/16
　　　　　印　张：17.5　字　数：261 千字
版　　次 / 2022 年 9 月第 1 版　2022 年 9 月第 1 次印刷
书　　号 / ISBN 978-7-5228-0604-4
定　　价 / 128.00 元

读者服务电话：4008918866

▲▲ 版权所有 翻印必究

序

食品安全关系人民群众的身体健康和生命安全，事关民生福祉和社会经济发展。以"最严谨的标准、最严格的监管、最严厉的处罚、最严肃的问责"加强食品安全工作，确保广大人民群众"舌尖上的安全"，是对人民群众期盼关切的用心回应，是贯彻以人民为中心发展思想的重要举措。为扎实推进食品安全治理体系和治理能力现代化，中共河北省委、河北省人民政府全面落实食品安全责任，坚持目标导向、问题导向和结果导向，实施食品安全战略和食品安全提升工程，食品安全治理体系不断完善，监管能力显著增强，食品产业发展质量明显提高，公众满意度逐年稳步提升，食品安全总体状况持续平稳向好。

河北省人民政府食品安全委员会办公室、省市场监督管理局会同相关部门联合研创的《河北食品安全研究报告》，以全面客观的视角反映了河北省食品安全状况和治理成效，对食品安全工作中存在的问题及成因进行了深入分析，学习借鉴先进省市经验做法，在持续推进食品安全工作改革创新、推动河北省食品安全领域体系建设和制度完善等方面，发挥了积极作用。

食品安全是人民群众关注、政府高度重视的热点焦点。新时期，广大人民群众对美好生活向往、对食品安全充满新的期待。随着时间的推移和经济社会发展，《河北食品安全研究报告》研究的范围、内容将会不断拓展，以便读者全面了解河北食品安全状况，为政府决策和省内外食品安全研究工作者提供借鉴。

中国工程院院士 李培凯

2022 年 6 月 18 日

摘　要

　　《河北食品安全研究报告》（下称《报告》）自2015年起，连续七年由河北省人民政府食品安全委员会办公室、省市场监管局会同省农业农村厅、省公安厅、省卫生健康委、省林业和草原局、石家庄海关、省社会科学院等部门联合研创，全面展示河北省食品安全状况，客观评价食品安全保障工作成效，剖析食品安全工作中存在的问题及成因，探索研究食品安全样板发展路径和先进治理模式，是省内外全面了解河北食品安全、研究年度食品安全状况和食品监管热点问题的重要文献，以提供省领导决策参考和社会科学研究为主要渠道。《报告》坚持深化改革创新，由中国工程院院士作序，专家领导、科研骨干等参与研创，注重风险问题的交流，切实提升人民群众的获得感、幸福感、安全感。

　　2021年是河北食品安全事业取得显著成效的一年，也是食品安全事业承上启下的重要一年。这一年，河北省各级各有关部门统筹疫情防控和食品安全监管，充分发挥省食安办统筹协调、监督指导作用，深化食品安全战略和食品药品安全工程，发布《河北省食品药品安全监管"十四五"规划》，全省食品安全形势持续平稳向好。在国务院食品安全委员会对各省（区、市）政府2020年度食品安全工作评议考核中，河北省再获"A"级等次。群众满意度指数由 2013 年的 58.48 稳步上升到 2021 年的 83.18，全省 8 个集体和 13 名个人获得国务院食品安全委员会成立以来的首次表彰。

本年度报告分总报告、分报告和专题报告三部分，相辅相成、点面结合，为公众全面深入了解河北省当前的食品安全状况提供了科学参考。全书主要有三个特点。

一是全面性。系统分析了河北省食品相关产业，从农产品到食品工业的质量安全状况，全面展示了河北省食品安全的总体发展状况，是评估和研究省级食品安全形势和发展的重要资料。

二是客观性。总报告、分报告及专题报告所采用的数据或来自职能部门的一手资料，或是对相关职能部门提供资料的总结和提炼，准确客观地反映了河北省食品安全整体状况，是政府和有关部门研究决策、推进信息公开、帮助民众了解相关信息的重要渠道。

三是针对性。坚持问题导向，对河北省食品安全状况进行了深入分析研究，探讨了河北省食品安全监管面临的重要理论和实践问题，总结了食品安全工作中的创新实践及有益经验，从理论与实践两个方面推动河北食品安全工作提质增能。

多年来《报告》连续出版发行，让河北食品安全社会治理积累了丰富经验，形成了行之有效的共治交流范式。食品安全治理属于社会管理范畴，食品安全风险的多样性、影响因素的复杂性，决定了食品安全管理的内涵不是单纯的监管执法。我们深切感到，食品安全保障体系急需更缜密的法律制度设计、更先进便捷的技术创新，也需要诉求于正当利益的监督制衡机制。因此，我们欢迎学术界、法律界、科技界更多地参与食品安全理论和实践研究。因此，

《报告》始终坚持突出食品安全监管的先进治理体系和治理模式研究，以理论为指导，理论联系实际，侧重实践实证，从监管实践出发，引用典型案例鲜明突出，理论注重提升深化，致力于从理论创新研讨推动监管实践，力争从专业角度争取各方对河北食品安全工作的建议和指导。

关键词： 河北　食品安全　监督管理　质量状况

Abstract

Annual Report on Food Safety of Heibei (hereinafter referred to as "report") is edited and written for the seventh consecutive year since 2015, by the Food Safety Committee Office of Hebei Provincial Government, Hebei Provincial Market Supervision Bureau, along with Agriculture and Rural Affairs Department of Hebei Province, Hebei Provincial Public Security Department, Hebei Provincial Health Commission, Hebei Forestry and Grassland Bureau, Shijiazhuang Customs, and Hebei Academy of Social Sciences. It displays the comprehensive situation of food security in Hebei Province, objectively evaluates the effectiveness of food security work results, analyzes the existing problems and the causes of food safety, and explores the development path of food safety model and advanced management mode. It is an important document to comprehensively understand Hebei's food safety and to study the annual food safety situation and hot issues in food supervision, which serves as a main channel for the research of social sciences and for the decision-making reference of provincial leaders. Based on deepening reform and innovation, with the preface written by an academician of Chinese Academy of Engineering, and the compilation and creation of the content with the participation of experts, scholars, professors and researchers, the report pays attention to risk exchange, and effectively enhances the people's sense of gain, happiness and security.

2021 is a year of remarkable achievements in Hebei's food safety, as well as an important year linking the past and the future. In this year, relevant departments at all levels in Hebei Province coordinated epidemic prevention and control and food safety supervision, gave full play to the coordinating, supervising and guiding role of the Food Safety Committee Office of Hebei Provincial Government, and deepened the food safety strategy and food and drug safety project. In this year, *The 14th Five-Year Plan of Food and Drug Safety Supervision in Hebei Province* was issued, and the food safety situation in Hebei continued to improve steadily. In the food safety work evaluation of the provincial (district, municipal) governments in 2020 by the Food Safety Commission of the State Council, Hebei Province won the "A" grade again. People's satisfaction increased from 58.48 in 2013 to 83.18 in 2021. 8 collectives and 13 individuals in the province were awarded by the Food Safety Commission of the State Council for the first time since its establishment.

This book is divided into three sections: general report, sub-reports and special reports, which complement each other and provide scientific reference for the public to comprehensively and deeply understand the current food safety situation in Hebei Province.

The report has three main features. The first is comprehensiveness. This book systematically analyzes the quality and safety status of food-related industries in Hebei Province, from agricultural products to food industry, and comprehensively demonstrates the overall development of food safety in Hebei, which is an important data for evaluating and studying the situation and development of food safety at provincial level.

The second is objectivity. The data used in general report, quality and safety reports and special reports are all from the first-hand information of functional departments, or the summary and extraction of the information provided by relevant functional departments, which reflect the overall food safety situation in Hebei Province accurately and objectively. It serves as an important channel for the government and relevant departments to study and make decisions, to promote information

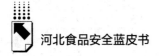

disclosure, and for the public to understand relevant information.

The third is goal-oriented. Persisting in problem-oriented, this book conducts in-depth analysisand research on the food safety situation in Hebei Province, discusses the important theoretical and practical problems faced by the food safety supervision, summarizes the innovative practice and beneficial experience in food safety work, which promotes the improvement of food safety work in Hebei Province from both theoretical and practical aspects.

Over the years, the continuous publication of the report has accumulated rich experience in the social governance of food safety in Hebei and formed an effective paradigm of co-governance and communication. Food safety governance belongs to the category of social management. The diversity of food safety risks and the complexity of influencing factors determine that the connotation of food safety governance is not simply supervision and law enforcement. We deeply feel that the food safety system is in urgent need of a more rigorous legal system design, more advanced and convenient technological innovation, and a supervision and balance mechanism that appeals to legitimate interests. Therefore, we welcome the involvement of the academic, legal and scientific communities in food safety theory and practice. For this reason, the report always highlights the research on advanced governance system and governance model of food safety supervision. Guided by theory, combining theory with practice, the report also focuses on practical demonstration, starting from the supervision practice, citing typical cases, and concentrating on the promotion and deepening of the theory. Meanwhile, it is committed to promoting the supervision practice from theoretical innovation research, and strives for suggestions and guidance of Hebei food safety work from a professional perspective.

Keywords: Hebei; Food Safety; Supervision and Management; Quality Situation

目 录 ⟅⟆

Ⅰ 总报告

B.1 2021年河北省食品安全报告

                  ······················· 河北省食品安全研究报告课题组 / 001

Ⅱ 分报告

B.2 2021年河北省蔬菜水果质量安全状况分析及对策研究

    ··········· 王 旗 赵少波 张建峰 赵 清 郄东翔

          甄 云 马宝玲 李慧杰 郝建博 张姣姣 / 040

B.3 2021年河北省畜产品质量安全状况分析及对策建议

    ··················· 陈昊青 魏占永 李越博 边中生

                    李海涛 冯 琳 王春霞 / 054

B.4 2021年度河北省水产品质量安全状况及对策研究
………… 卢江河 张春旺 滑建坤 赵小月 孙慧莹 / 065

B.5 2021年河北省食用林产品质量安全状况分析及对策研究
……………… 杜艳敏 王 琳 刘 新 孙福江
曹彦卫 宋 军 / 076

B.6 2021年河北省食品安全监督抽检分析报告
……………… 刘凌云 郑俊杰 韩绍雄 柴永金
刘 琼 李杨薇宇 / 087

B.7 2021年河北省进出口食品质量安全监管状况分析
………… 李树昭 万顺崇 朱金耍 吕红英 李晓龙 / 111

Ⅲ 专题报告

B.8 "食品安全标准"困惑之辨析
——一种《食品安全法》的适用困境 …… 冀 玮 / 121

B.9 国家食品安全示范城市创建的比较研究
——基于河北省3个国家首批示范城市的实证分析
……………………………… 贝 军 / 137

B.10 京津冀食品安全问题协同治理研究
………………………………… 柴振国 李会宣 / 164

B.11 筑牢食品安全法治屏障 保护人民群众"舌尖上的安全"
——河北省人大常委会推进食品安全立法工作情况
………………………… 周 英 柴丽飞 刘 洋 / 185

B.12 食品中新型污染物检测技术研究进展

………………………… 史国华 张 岩 范素芳 / 213

B.13 2021年河北省食品安全社会公众综合满意度调查报告

………………………… 河北省市场监督管理局 / 225

B.14 后 记 …………………………………………… / 255

皮书数据库阅读**使用指南**

CONTENTS ⤵

I   General Report

B.1   2021 Food Safety Report of Hebei Province

Hebei FoodSafety Research Group / 001

II   Sub–Reports

B.2   Analysis and Countermeasures on the Quality and Safety of Vegetables
and Fruits in Hebei Province in 2021

Wang Qi, Zhao Shaobo, Zhang Jianfeng, Zhao Qing, Qie Dongxiang,

Zhen Yun, Ma Baoling, Li Huijie, Hao Jianbo and Zhang Jiaojiao / 040

B.3   Analysis and Countermeasures on the Quality and Safety of Animal
Products in Hebei Province in 2021

Chen Haoqing, Wei Zhanyong, Li Yuebo, Bian Zhongsheng,

Li Haitao, Feng Lin and Wang Chunxia / 054

B.4 Analysis and Countermeasures on the Quality and Safety of
Aquatic Products in Hebei Province in 2021

Lu Jianghe, Zhang Chunwang, Hua Jiankun,

Zhao Xiaoyue and Sun Huiying / 065

B.5 Analysis and Countermeasures on the Quality and Safety of Edible
Forest Products in Hebei Province in 2021

Du Yanmin, Wang Lin, Liu Xin, Sun Fujiang,

Cao Yanwei and Song Jun / 076

B.6 Analysis of Sampling Inspection in Food safety Supervision in Hebei
Province in 2021

Liu Lingyun, Zheng Junjie, Han Shaoxiong, Chai Yongjin,

Liu Qiong and Li Yangweiyu / 087

B.7 Analysis of Quality and Safety Supervision of Import and Export Food
in Hebei Province in 2021

Li Shuzhao, Wan Shunchong, Zhu Jinluan,

Lv Hongying and Li Xiaolong / 111

Ⅲ　Special Reports

B.8 Analysis of the Confusion of "Food Safety Standards"
　　—A Dilemma in the Application of Food Safety Law　　　*Ji Wei* / 121

B.9 Comparative Study on the Establishment of National Food
Safety Demonstration Cities
　　—Empirical Analysis Based on Three National Demonstration
　　Cities in Hebei Province　　　*Bei Jun* / 137

B.10　Coordinated Management of Food Safety Issues in Beijing-Tianjin-
Hebei Region　　　*Chai Zhenguo, Li Huixuan* / 164

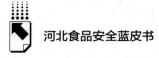
B.11　Building Solid Legal Barriers for Food Safety to Protect People's
　　　"Bite of Safety"
　　　　　—*The Situation of Promoting Food Safety Legislation by Hebei Provincial*
　　　　　　People's Congress Standing Committee

Zhou Ying, Chai Lifei and Liu Yang / 185

B.12　Research Progress of New Detection Techniques for
　　　Contaminants in Food

Shi Guohua, Zhang Yan and Fan Sufang / 213

B.13　Public Satisfaction Survey Report on Food Safety in Hebei Province in 2021

Hebei Provincial Market Supervision Bureau / 225

B.14　Afterword　　　　　　　　　　　　　　　　　　　　　　　/ 255

总 报 告

General Report

B.1

2021年河北省食品安全报告

河北省食品安全研究报告课题组

摘　要： 食品安全关系到人民群众身体健康和生命安全，党和国家始终高度重视食品安全工作。2021年，河北坚持以习近平新时代中国特色社会主义思想为指导，深入贯彻落实党中央、国务院决策部署，深入践行以人民为中心的发展思想，落实"四个最严"要求，深化党政同责、社会共治，夯实基层基础，实施食品安全放心工程攻坚行动，严把从农田到餐桌的每一道防线，推动食品安全全链条全过程监管，推进食品安全领域治理体系和治理能力现代化，为确保人民群众"舌尖上的安全"、推动全省经济社会高质量发展提供坚实保障。

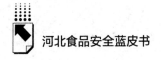

关键词：　食品安全　河北　食品监管

2021 年，中共河北省委、河北省人民政府坚持以习近平新时代中国特色社会主义思想为指导，深入贯彻落实党中央、国务院决策部署，深入践行以人民为中心的发展思想，全面落实"四个最严"要求，持续推进食品安全领域治理体系和治理能力现代化建设，全省未发生重大及以上食品安全事故，安全形势持续平稳向好。在国家对各省（区、市）政府 2020 年度食品安全工作的评议考核中，河北省再次获得"A"级等次。群众满意度指数由 2013年的 58.48 稳步上升到 2021 年的 83.18，全省 8 个集体和 13 名个人获得国务院食品安全委员会成立以来的首次表彰。

一　食品产业概括

河北是农业大省，是国家粮食主产省之一，年产蔬菜、果品、禽蛋、肉类、奶类等各类鲜活农产品超亿吨，在全国占有重要地位，是京津地区重要的农副产品供应基地。

（一）食用农产品

1. 蔬菜

2021 年，河北省蔬菜播种面积 1221 万亩，总产量 5284 万吨，居全国第 4 位，其中设施蔬菜面积 345 万亩。河北省是全国蔬菜产销大省和设施蔬菜重点省，在保障京津乃至全国市场供应上发挥着重要作用（见图1）。蔬菜产业规模化、设施化、集约化特征日趋明显，形成了环京津日光温室蔬菜、冀东日光温室瓜菜、冀中南棚室蔬菜、冀北露地错季菜四大蔬菜产区，实现了蔬菜四季生产、周年供应。鸡泽辣椒、玉田包尖白菜、崇礼彩椒、永年大蒜、馆陶黄瓜、昌黎旱黄瓜、永清胡萝卜、沽源花椰菜等31个规模化集中产区，特色突出、优势明显。河北省蔬菜在北京批发市场常年占有率保持在40%左右，其中7~9月张承地区大白菜、甘蓝等错季菜市场占有率达70%以上，多年来稳居外埠进京蔬菜市场份额之首，是名副其实的首都"菜园子"。

图1　2017~2021年全省蔬菜播种面积和总产量情况

2. 畜产品

2021年，全省畜牧行业以奶业、生猪、蛋鸡3个集群，30个现代养殖示范园，36个畜禽精品为突破口，以点带面，大力推进畜牧业向高质量目标发展。全省肉类产量461万吨，同比增长10.9%；禽蛋产量386.8万吨，与上年同期基本持平；生鲜乳产量

498.4万吨，同比增长3.1%，有力满足了城乡居民对畜禽产品的消费需求（见图2）。全省生猪存栏达到1886万头，基本恢复常年水平，全年生猪出栏3410.6万头，同比增长17.3%；9家生猪定点屠宰厂被农业农村部命名为"国家生猪屠宰标准化示范厂"，居全国第2位。奶牛存栏达到135.2万头，同比增长10.6%。乳制品产量397.64万吨、液体乳产量387.85万吨，同比分别增长6.51%和6.95%，均居全国第1位。

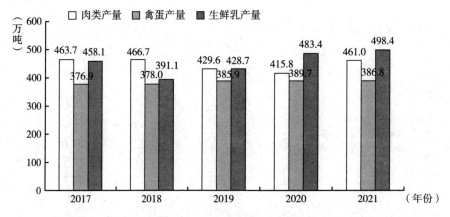

图2　2017~2021年全省畜产品产量状况

3.水果

2021年全省水果种植面积780万亩，居全国第10位；水果总产量1050万吨，居全国第6位（见图3）。河北省打造国家级特色农产品优势区7个、省级27个，培育出晋州鸭梨、富岗苹果、深州蜜桃、怀来葡萄、黄骅冬枣等一批驰名中外特优果品，深受国内外市场青睐。其中，梨产业实力稳居全国第1位，2021年梨种植面积175万亩，产量360万吨，年出口16万吨，面积、产量、出口量均居全国第 1 位，其中出口量占全国梨出口总量的 50% 以上。2021 年全省葡萄种植面积 69.2 万亩，居全国第 3 位；产量 132 万吨，居全国第 2 位，形成了以怀涿盆地（怀来、涿鹿）和冀东滨海（昌黎、卢龙）为中心的葡萄酒加工和鲜食葡萄生产基地。

图3　2017~2021 年全省水果种植规模及产量状况

4. 水产品

2021 年，全省水产品产量 103.1 万吨（不含远洋），较 2020 年增长 2.8%（见图 4），渔业经济总产值 366 亿元，同比增长 20.9%，渔民人均纯收入 21535.7 元，同比增长 10.2%。大力发展特色水产集群，十大绿色养殖示范园区产值占全省总产值的 10%，特色水产品产量达到 50 万吨，占总产量的 48%；"昌黎扇贝"获得国家农产品地理标志保护登记证书，"唐山河鲀"实施国家地理标志农产品保护工程，入选河北省第五届农产品区域公用品牌。新批准建设南美白对虾、海参、河鲀、单环刺螠等省级原良种场 4 家。全省休闲渔业呈现蓬勃发展的强劲势头，全省休闲渔业经营总产值超过 7 亿元，同比增长 7% 以上，年接待游客近 400 万人次。

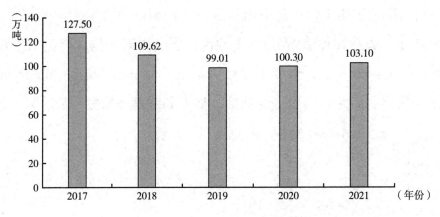

图4 2017～2021年全省水产品产量状况

（二）食品工业

河北省食品工业是涵盖农副食品加工业、食品制造业、酒及饮料和精制茶制造业、烟草制品业4大门类、21个中类、64个小类的食品工业体系。2021年一季度食品工业增加值大幅增长，二、三、四季度增加值增速平稳（见图5），但受原辅材料、人工、运输等因素影响，企业利润从三季度开始大幅度下降。

1. 产业规模

2021年全省规模以上食品工业企业1156家（较2020年增加26家），实现营业收入4040.12亿元，同比增长13.4%，占全省工业营业收入的7.75%。营业成本为3432.25亿元，同比增长14.9%；实现利润总额137.86亿元，同比下降18.9%，占全省利润总额的6.01%。规模以上食品工业增加值同比增长10.5%，高于全省累计增长速度5.6个百分点，占全省工业的6.4%，拉动工业增长速度0.7个百分点。其中，农副食品加工业同比增长9.2%；

食品制造业同比增长 15.4%；酒及饮料和精制茶制造业同比增长 7.7%。

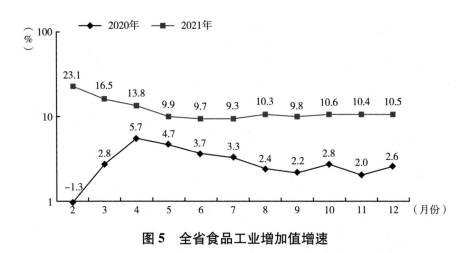

图5　全省食品工业增加值增速

2. 主要产品产量完成情况

在入统的 39 种产品中，22 种产品为正增长，占统计品种的56.41%（见表1），乳粉、婴幼儿配方乳粉、酱油、食醋、膨化食品、冻肉、速冻米面食品、冷冻蔬菜、味精、焙烤松脆食品、白酒、成品糖、冷冻饮品、发酵酒精、食品添加剂、固体及半固体乳制品、饮料酒17 种产品为负增长。

表1　2021 年全省各类食品主要经济指标

产品名称	计量单位	本月产量	同比增长（％）	累计产量	累计增长（％）
营养、保健食品	万吨	0.29	731.0	1.28	407.3
大米	万吨	6.47	46.6	54.01	47.9
糖果	万吨	0.97	22.7	8.57	29.5
鲜、冷藏肉	万吨	19.13	28.5	199.99	31.1
冷冻水产品	万吨	1.08	110.6	5.57	18.4
速冻食品	万吨	2.68	4.2	24.64	18.3

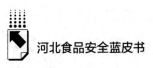

续表

产品名称	计量单位	本月产量	同比增长（%）	累计产量	累计增长（%）
其中：速冻米面食品	万吨	0.62	−36.8	4.54	−25.8
小麦粉	万吨	107.01	0.6	1279.42	7.6
乳制品	万吨	35.35	2.2	397.64	6.5
液体乳	万吨	34.51	2.5	387.85	7.0
固体及半固体乳制品	万吨	0.85	−9.5	9.79	−8.6
乳粉	万吨	0.83	−10.3	9.58	−8.5
其中：婴幼儿配方乳粉	万吨	0.58	−3.8	5.54	−2.1
罐头	万吨	1.96	−2.5	15.45	6.4
熟肉制品	万吨	1.23	2.6	11.81	4.8
饮料	万吨	42.63	−4.6	538.58	4.4
其中：碳酸型饮料	万吨	4.21	−23.3	55.93	9.4
包装饮用水	万吨	9.42	−11.9	220.44	4.8
果汁和蔬菜汁类饮料	万吨	4.52	6.7	54.59	10.0
蛋白饮料	万吨	3.08	−20.7	26.90	7.6
精制食用植物油	万吨	29.64	9.6	248.01	4.4
方便面	万吨	3.38	9.4	33.97	2.6
卷烟	亿支	35.0	37.0	792.15	2.4
味精	万吨	0.14	99.3	1.40	−0.6
饮料酒	万千升	16.03	13.4	198.45	−1.4
其中：白酒(折65度,商品量)	万千升	1.55	−6.8	13.86	−27.5
啤酒	万千升	13.48	13.5	179.35	0.1
葡萄酒	万千升	0.67	16.8	3.65	33.7
果酒及配制酒	万千升	0.29	—	1.3	4285.1
成品糖	万吨	0.76	−88.4	49.79	−3.8
冻肉	万吨	1.82	−7.5	19.75	−4.8
冷冻饮品	万吨	0.27	87.9	5.86	−11.9
膨化食品	万吨	0.09	−21.2	1.12	−16.4
冷冻蔬菜	万吨	0.36	−16.6	8.49	−16.9
焙烤松脆食品	万吨	0.09	−5.3	0.74	−20.4
食品添加剂	万吨	3.42	56.6	27.76	−28.2
发酵酒精(折96度,商品量)	万千升	0.79	−17.5	5.82	−40.1
食醋	万吨	0.77	−36.6	6.72	−40.3
酱油	万吨	0.50	−42.7	3.87	−41.8

3. 产业分布情况

小麦粉和方便面加工企业主要集中在邯郸、邢台2市；食用植物油加工企业主要分布在石家庄、秦皇岛、廊坊和衡水4市；乳制品企业主要分布在石家庄、邢台、保定、唐山、张家口5市；大型肉类加工企业主要分布在石家庄、邯郸、廊坊、唐山、秦皇岛5市；白酒企业主要分布在邯郸、衡水、保定、承德、沧州5市；啤酒企业主要分布在张家口、唐山、衡水、石家庄4市；葡萄酒企业主要分布在秦皇岛（昌黎产区）、张家口（怀涿产区）2市；植物蛋白饮料和含乳饮料企业主要分布在石家庄、衡水、承德、沧州4市；海洋食品企业继续向秦皇岛、唐山、沧州等沿海地区集中；畜禽加工企业向石家庄、邢台、邯郸、保定等畜禽主产养殖区集中；果蔬加工企业向环京津地市和太行山沿线城市等区域集中或转移；豆制品企业主要分布在保定（高碑店市）；调味品企业主要分布在石家庄、保定、廊坊、邯郸4市。

4. 技术创新和品牌创建情况

不断推进食品行业科技创新。河北省食品行业获2021年中国食协科技进步奖一等奖的项目是石家庄洛杉奇食品有限公司的"健康淘汰蛋鸡加工绿色保鲜技术研究"；获二等奖的项目是河北同福健康产业有限公司的"功能性杂粮产品的开发与产业化"；获三等奖的项目是昌黎地王酿酒有限公司的"甘荀蒸馏酒研发及其相关技术研究"、刘伶醉酿酒股份有限公司的"浓香型老窖中乙酸菌的筛选、鉴定及应用"、沧州御河酒业有限公司的"北方多粮浓香醇厚风格白酒生产方法的研究应用"、金木集团有限公司的"乳酸菌乳糖醇固体饮料中试与示范"项目。科技创新领军人物有石家庄洛杉奇食品有限公司的李宗力总经理；杰出人才有昌黎地王酿酒有限公司的李义利总酿酒师、石家庄洛杉奇食品有限公司的董兰坤经理。

加大品牌培育力度。按照《河北省食品工业高质量发展三年行动计划（2018—2020年）》（冀制强省办〔2018〕15号）要求，以实施消费品工业"三品"战略为目标，加快食品行业品牌建设，2021年河北省食品行业共有46项产品获河北省食品特色品牌荣誉称号（见表2）。

表2　河北省食品特色品牌（46项）

序号	企业名称	商标	生产产品
1	河北养元智汇饮品股份有限公司	六个核桃	植物蛋白饮料
2	石家庄君乐宝乳业有限公司	君乐宝	乳制品
3	三河汇福粮油集团有限公司	汇福	食用大豆油
4	今麦郎面品有限公司	今麦郎	方便面
5	五得利面粉集团有限公司	五得利	小麦粉
6	河北衡水老白干酒业股份有限公司	衡水老白干、十八酒坊	白酒
7	玉锋实业集团有限公司	玉星	玉米深加工系列产品
8	秦皇岛骊骅淀粉有限公司	骊骅	玉米深加工系列产品
9	晨光生物科技集团股份有限公司	晨光	天然食品添加剂系列产品
10	河北玉桥食品有限公司	金玉桥	发酵挂面
11	石家庄市传承宫面有限公司	青竹宫面	藁城宫面
12	河北徐府粮油有限公司	百年徐府	芝麻酱
13	华北制药河北华维健康产业有限公司	金水益康、晴喜	水、蓝莓叶黄素酯片
14	河北纽康恩食品有限公司	纽康恩	速冻面食品系列
15	河北粟凝香食品有限公司	粟凝香	食醋
16	石家庄丸京干果有限公司	三康	核桃油
17	河北鲜鲜农产品有限公司	INDIAM	薯类和膨化食品
18	石家庄市绿杰食品有限公司	绿杰	速冻食品
19	石家庄市比夫派食品有限公司	比夫派	黑椒牛肉粒、墨西哥式羊排、黑椒猪仔骨
20	河北华威食品有限公司	宁威、欧美客	馍片
21	河北古顺酿酒股份有限公司	古顺、邢	白酒

续表

序号	企业名称	商标	生产产品
22	河北千喜鹤肉类产业有限公司	千喜鹤	冷鲜猪肉
23	河北兴台酒业集团有限责任公司	小兴台	白酒
24	河北春泽农业科技股份有限公司	春泽中皇山	冰葡萄酒
25	河北滴溜酒业有限公司	滴溜、大名府	白酒
26	河北将军岭酒业有限公司	将军岭	白酒
27	磁县回头香食品有限公司	回头香	小磨香油、芝麻酱
28	邯郸市金益农生物科技开发有限公司	蒲草婆婆	蒲公英系列产品
29	河北绿珍食用菌有限公司	冀南绿珍	杏鲍菇、鲜雪银耳
30	河北宝泰食品有限公司	一只鹅	真空鸭、速冻面食品
31	廊坊昊宇酿酒有限公司	迎春牌	白酒
32	大厂回族自治县溢洋油脂有限公司	溢洋	食用动物油脂
33	昌黎县永顺食品有限公司	永顺	粉条
34	昌黎地王酿酒有限公司	北戴河	鼋鱼酒
35	河北宏都实业集团有限公司	宏都	冷鲜肉、熟食制品、酱卤制品
36	唐山万里香食品有限公司	万里	烧鸡
37	河北省刘美实业有限公司	刘美	熟肉制品
38	迁安市贯头山酒业有限公司	贯头山	白酒
39	百德福生物科技有限公司	龙慧百德福	海参活性短肽
40	河北香宇肉类制品有限公司	香宇	酱卤制品、灌制品、冷藏调制食品、方便菜肴
41	唐山广野食品集团有限公司	广野牌	罐头、速冻食品、面食
42	河北思盼食品股份有限公司	思盼	小磨芝麻香油、麻酱
43	沧州御河酒业有限公司	御河春	白酒
44	河北沛然世纪生物食品有限公司	沛然	枣汁
45	沧州全鑫食品有限公司	好牌	红枣系列产品
46	河北绿海康信多品种食盐有限公司	芦盐	海盐

（三）食品经营主体

截至 2021 年 12 月底，全省食品生产经营持证企业（含个人，

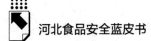

下同）共 564272 家。主体业态包括：食品生产企业 8296 家；食品销售经营企业 377048 家，其中互联网经营企业 20713 家；餐饮服务经营企业 144690 家，其中内设中央厨房 226 个、集体用餐配送单位 311 个；单位食堂 34238 家（含学校食堂 19294 个）。

全省食品"三小"（食品小作坊、小餐饮、食品小摊点）备案登记 312833 家，其中，食品小作坊 25090 家、小餐饮 215528 家、食品小摊点 72215 家。

二 食品质量安全概况

2021 年河北省食品质量安全总体状况良好，食用农产品、加工食品、食品相关产品监督抽验合格率继续保持较高水平，全省食品安全形势平稳。

（一）粮食质量安全状况

1. 新收获粮食质量监测情况

按照"每万吨粮食（油料）产量不少于 1 个样品"标准安排监测任务，全年共监测新收获粮食样品 3654 份（小麦 1525 份、玉米 2071 份、稻谷 40 份、大豆 2 份、花生 16 份），覆盖全省 140 个县（市、区）1824 个行政村，样品数量和覆盖范围均达到 2020 年 2 倍以上，大幅提升了监测代表性，样品全部检验常规质量指标。同时，随机抽取其中 590 份样品（小麦 236 份、玉米 354 份）检验内在品质指标，1026 份样品（小麦 390 份、玉米 578 份、稻谷 40 份、大豆 2 份、花生 16 份）主要检验食品安全指标。从监测结果看,河北省新收获粮食食品安全指标合格率为96.80%。

2.库存粮食质量监测情况

开展地方政策性粮食库存质量检查,随机抽检粮油样品101份,从监测结果看,河北省库存粮食质量指标达标率为100%,储存品质指标宜存率为100%,食品安全指标合格率为96.04%。

(二)(种养殖环节)食用农产品质量安全状况

2021年对11个设区市、定州和辛集2个直管县、雄安新区开展省级监测工作,共抽检种植产品、畜禽产品和水产品3大类产品132个品种185项参数26431个样品,抽检总体合格率为99.3%(见图6)。

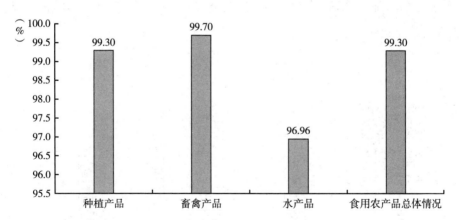

图6 2021年全省食用农产品质量安全监测状况

种植产品抽检蔬菜、水果85个品种13597个样品,检测参数89项,检出不合格样品101个,蔬菜抽检合格率为99.3%(见图7)。

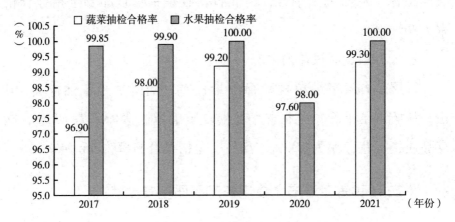

图7　2017～2021年全省种植产品质量安全监测状况

畜禽产品抽检猪肉、牛肉、羊肉、鸡蛋、鸡肉、鸭肉、生鲜乳7类产品，监测 β-受体激动剂等7大类兽药残留和65种违禁添加物质，监测 11388 批次，共检出不合格样品 29 个，合格率为99.7%（见图8）。

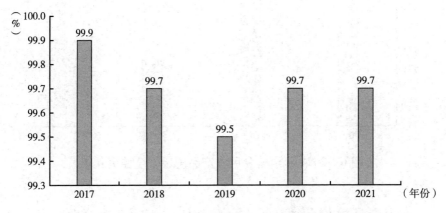

图8　2017～2021年全省畜禽产品质量安全监测状况

对 1446 个水产品样品 31 项参数进行了定量检测，抽检任务来源包括省检中心 619 个（其中监督抽查 100 个、例行监测 400 个、海参专项整治 76 个、飞行检查 43 个），省级委托第三方 306 个，省级下达 521 个（其中监督抽查 292 个、风险监测 229 个），共检出 44 个样品不合格，抽检总体合格率为 96.96%（见图 9）。

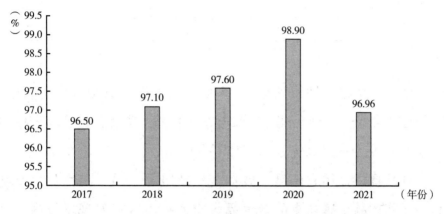

图 9　2017~2021 年全省水产品质量安全监测状况

（三）生产经营环节食品质量安全状况

2021 年，全省生产经营环节组织开展的食品安全抽检监测（不包括保健食品）主要由国家抽检监测转移地方部分（以下简称国抽）、省本级抽检监测（以下简称省抽）、国家市场监管总局统一部署的市县食用农产品专项抽检（以下简称农产品专项抽检）、市本级抽检监测（以下简称市抽）、县本级抽检监测（以下简称县抽）5 部分组成。截至 2021 年 12 月底，全省市场监管系统共完成食品安全监督抽检 368251 批次，共检出不合格样品 7134 批次（含标签不合格），总体不合格率为 1.94%（见表 3）。

表3　河北省各级监督抽检任务完成情况

序号	任务类别	监督抽检批次	实物不合格批次	实物不合格率(%)
1	国抽	8129	271	3.33
2	省抽	15878	274	1.73
3	农产品专项抽检	49611	1922	3.87
4	市抽	62689	1257	2.01
5	县抽	231944	3410	1.47
	合计	368251	7134	1.94

　　全省食品监督抽检涵盖了34个食品大类和其他食品，其中，特殊膳食食品、婴幼儿配方食品等5个食品大类和其他食品未检出不合格，29个食品大类检出实物不合格样品。

　　餐饮具、食用农产品、炒货食品及坚果制品、淀粉及淀粉制品、冷冻饮品、餐饮食品等食品大类实物不合格发现率较高，分别为14.82%、2.34%、1.83%、1.75%、1.51%、1.29%（见表4）。

表4　各类食品监督抽检情况

序号	大类	监督抽检批次	实物不合格批次	实物不合格发现率(%)
1	餐饮具	12696	1882	14.82
2	食用农产品	174005	4065	2.34
3	炒货食品及坚果制品	4634	85	1.83
4	淀粉及淀粉制品	8661	152	1.75
5	冷冻饮品	1123	17	1.51
6	餐饮食品	10081	130	1.29
7	糕点	15403	144	0.93
8	蛋制品	840	7	0.83

续表

序号	大类	监督抽检批次	实物不合格批次	实物不合格发现率（%）
9	豆制品	6476	53	0.82
10	肉制品	11905	96	0.81
11	饮料	13330	98	0.74
12	水产制品	1068	7	0.66
13	蔬菜制品	6366	37	0.58
14	粮食加工品	17233	99	0.57
15	水果制品	4877	28	0.57
16	蜂产品	900	5	0.56
17	食用油、油脂及其制品	8862	43	0.49
18	酒类	8053	39	0.48
19	薯类和膨化食品	4614	21	0.46
20	饼干	4350	16	0.37
21	方便食品	5236	17	0.32
22	调味品	24732	61	0.25
23	糖果制品	4166	10	0.24
24	速冻食品	4323	10	0.23
25	罐头	3912	6	0.15
26	保健食品	1129	1	0.09
27	茶叶及相关制品	1308	1	0.08
28	食糖	2752	2	0.07
29	乳制品	4338	2	0.05
30	特殊膳食食品	264	0	0.00
31	食品添加剂	205	0	0.00
32	婴幼儿配方食品	203	0	0.00
33	可可及焙烤咖啡产品	50	0	0.00
34	特殊医学用途配方食品	30	0	0.00
35	其他食品	126	0	0.00
	合计	368251	7134	1.94

1. 加工食品

2021 年，全省共监督抽检加工食品 171469 批次，发现实物不合格 1057 批次，涉及 66 个不合格项目 1122 项次。其中，食品添加剂 621 项次、质量指标 257 项次、其他微生物（非致病微生物）146 项次、致病微生物 56 项次、重金属等元素污染物 13 项次、真菌毒素 11 项次、有机污染物 10 项次、禁用兽药 3 项次、其他污染物 2 项次、非食用物质 1 项次、其他生物 1 项次、兽药残留 1 项次（见图 10）。

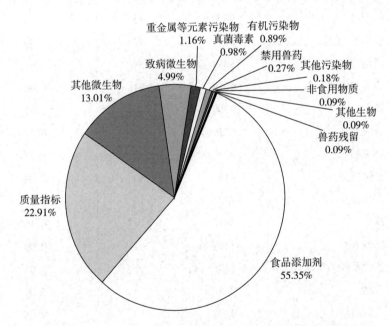

图 10 2021 年河北省加工食品监督抽检不合格项次分析

2. 食用农产品

2021 年，全省市场监管系统共监督抽检食用农产品 174005 批次，检出实物不合格样品 4065 批次，涉及 77 个不合格项目 4178 项次。其中，亚类不合格发现率由高到低分别为水产品 6.32%、蔬菜

2.50%、水果类 1.89%、鲜蛋 1.89%、生干坚果与籽类食品 0.73%、畜禽肉及副产品 0.55%。不合格项目 9 类，分别为农药残留 2042 项次、禁用农药 1198 项次、重金属等元素污染物 550 项次、兽药残留 184 项次、禁用兽药 176 项次、质量指标 13 项次、其他污染物 8 项次、食品添加剂 6 项次、真菌毒素 1 项次（见图 11）。

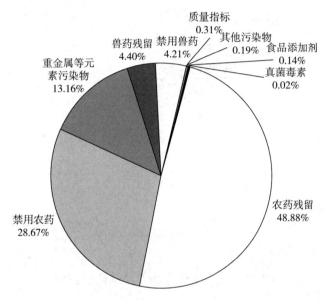

图 11　2021 年河北省市场监管部门食用农产品监督抽检不合格项次分析

（四）食品相关产品

我国目前有超过 2 万家持证的食品相关产品企业，其中有千家以上的省份共 6 个，为广东、浙江、山东、江苏、安徽以及河北。截至 2021 年 12 月底，河北省食品相关产品持证企业 1195 家，其中塑料包装企业 1009 家、纸包装企业 98 家、餐具洗涤剂企业 73 家、工业和商用电热食品加工设备企业 15 家，涉及复合膜袋、非复合膜袋、编织袋、塑料工具、纸杯、纸碗等多种产品（见图12）。2020~2021年，河北省食品相关产品企业数量有所增长，仍处于平稳上升状态，发展状况良好。

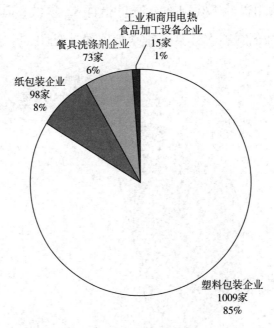

图12 河北省食品相关产品企业占比

2021年全面开展产品监督抽查725批次，其中国家级监督抽查54批次、省级监督抽查611批次、省级专项监督抽查60批次。涉及16种产品，包括复合膜袋、非复合膜袋、日用陶瓷、食品用塑料工具、餐具洗涤剂、食品用塑料包装容器、塑料片材、纸制品、食品包装用塑料编织袋、食品包装金属罐、密胺餐具、玻璃制品、铜锅、食品机械、一次性竹木筷、工业和商用电热食品加工设备。其中，实行生产许可证管理的产品10种、非生产许可证管理的产品6种。不合格样品30批次（流通环节10批次），整体不合格率为4.1%（见图13和表5）。

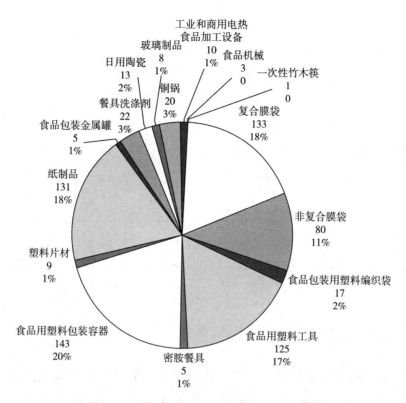

图 13   2021 年河北省食品相关产品抽查比例

表 5   2021 年河北省食品相关产品不合格情况

指标	复合膜袋	非复合膜袋	食品包装用塑料编织袋	食品用塑料工具	密胺餐具	食品用塑料包装容器	塑料片材	纸制品	食品包装金属罐
采样批次	133	80	17	125	5	143	9	131	5
不合格批次	5	2	1	1	0	0	1	15	0
不合格率(%)	3.8	2.5	5.9	0.8	0	0	11.1	11.5	0

续表

指标	餐具洗涤剂	日用陶瓷	玻璃制品	铜锅	食品机械	工业和商用电热食品加工设备	一次性竹木筷	合计
采样批次	22	13	8	20	3	10	1	725
不合格批次	0	0	0	0	0	5	0	30
不合格率(%)	0	0	0	0	0	50.0	0	4.1

（五）进出口食品

2021 年度全省进出口食品 45150 批，货值 18.36 亿美元。其中，出口 44796 批，货值 17.04 亿美元；进口 354 批，货值 1.33 亿美元。其中，进出口植物源性食品 36745 批，货值 12.69 亿美元，出口产品主要为糖及糖果、罐头、蔬菜、干坚果及制品、饮料、粮食制品等，进口产品主要为糖类、食用植物油、酒类、粮食制品、乳品等；进出口动物源性食品、化妆品、中药材共 8405 批次，货值 5.67 亿美元，出口产品主要包括水产品及制品、禽肉产品及制品、畜肉产品及制品、肠衣和中药材、蜂产品和禽蛋产品等，进口产品主要包括日化类产品和儿童洗护用品等。

海关部门加强风险防控，严格落实监督抽检与风险监测计划，抽检样品 595 个，检出 3 批次 3 项次不合格；严格准入审核，严禁非准入产品和已被暂停企业产品入境，严防重大动物疫病通过进口食品渠道传入风险。对全省出口食品生产企业开展"定期管理类"核查345起，发现问题230起，查发率为66.67%。其中，发现问题转相关部门处理15起，规范整改199起。配合公安部门对10个批次、4个品种的进口问题牛肉制品准入及检验检疫情况进行了认定。为2022年北京冬奥会推荐餐饮原材料备选基地和备选服务商共计15家，承接2022年冬奥会期间重点食品专项抽检工作，共完成161批次涉奥食品的检测任务。

（六）食源性疾病监测情况

2021年全省2565家医疗机构开展食源性疾病病例监测工作，共报告食源性疾病病例42150例，其中99.96%的病例自诉了可疑暴露食品信息。7~9月病例数量占全年病例数量的44.51%，消化系统症状的病例占全部病例的99.78%，家庭发病占全部病例的78.28%。暴露食品占比较高的分别是粮食类及其制品（含淀粉糖类、焙烤类及各类主食），占16.68%；水果类及其制品（包括果脯和蜜饯），占16.28%；肉及肉制品，占15.82%。

全省全年报告食源性疾病事件86起，发病401人，死亡1例（家庭误食误用亚硝酸盐导致）。报告较多的分别是保定市（24起）、秦皇岛市（13起）、邯郸市（12起）。有8起事件发病人数为10~29人；5月、7月、9月发生起数较多，分别是14起、13起、12起；发生在家庭45起，发生在餐饮服务单位19起，发生在学校（含幼儿园）10起。全省27家哨点医院采集以腹泻症状为主诉就诊的门诊病例标本，共采集标本3628份，检出阳性标本303份，阳性检出率8.35%。检出致病菌株较多的是

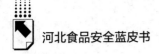
诺如病毒（133株）、沙门氏菌（110株）、致泻大肠埃希氏菌属（23株）。

（七）省级抽检监测中发现的主要问题及原因分析

1. 省级农产品、食用林产品监测情况

2021年对11个设区市、定州和辛集2个直管市、雄安新区开展省级监测工作，共抽检种植产品、畜禽产品和水产品3大类产品132个品种185项参数26431个样品，抽检总体合格率为99.3%，其中，种植产品抽检合格率为99.3%，畜禽产品抽检合格率为99.7%，水产品抽检合格率为96.96%。发现的问题及原因分析如下。一是种植产品中违规使用农药问题依然存在，禁限用农药克百威、毒死蜱、甲拌磷、涕灭威、氧乐果等依然有检出，占超标项次的29.1%，常规农药腐霉利、氯氟氰菊酯、吡虫啉、啶虫脒、阿维菌素等超标情况仍然存在，违规使用禁限用农药是问题出现的主要原因。二是畜产品中猪肉、蛋鸡非法使用金刚烷胺、氧氟沙星、环丙沙星现象较为突出，猪肉中不规范使用磺胺类、四环素类等问题仍然存在，这是影响畜禽产品质量安全的主要原因。三是水产品中禁用化合物孔雀石绿、呋喃类代谢物和停用药物氧氟沙星仍能检出，常规药物恩诺沙星、环丙沙星、磺胺类超标问题依然存在，这是影响河北省水产品抽检合格率的主要因素。

2021年全省食用林产品质量风险监测全年共抽检样品1070批次，合格1069批次，合格率为99.91%，比2020年提高1个百分点，食用林产品质量安全形势总体呈平稳态势。在抽检的1070批次样品中，除氯氰菊酯农药在花椒上残留超标外，其他所监测农药残留指标均合格。共检出农药残留样品285批次（含1批次花椒样品检出农药残留超标），总体农药残留检出率为26.64%。其中，农药残留检出率100%的样品品种有金银花、枸杞；农药残留检出率较高的样品品种有枣、杏和山楂，农药残留检出率分别为90.98%、90.28%和95.00%。其余各品种样品农药残留检出率分别是樱桃（50%）、花椒（48.08%）、桑葚（45.45%）、文冠果（20%）、仁用杏（7.61%）、榛子（3.77%）、核桃（2.19%）、板栗（1.15%）。发现的问题及原因分析如下。一是金银花、枸杞、山楂、杏、枣等食用林产品病虫害防控难度较大，农药残留检出率较高，食品安全风险隐患较大。由于上述林产品主要可食用部分为果皮，直接暴露在外面，喷洒农药后直接接触果皮，如果喷洒时间太晚，农药分解不彻底，便会造成农药残留超标或农药残留检出率较高问题。二是个别生产者在生产过程当中，仍以使用农药等为主要病虫害防治方式，绿色无公害综合防治病虫害方式推广力度仍有待进一步加大。三是各地林草部门监管和培训指导力度不够，纳入河北省林业果品质量安全监管追溯体系平台监管范围的企业数量占比不高。

2. 省级加工食品监测情况

2021年，全省共监督抽检加工食品171469批次，发现实物不合格1057批次，涉及66个不合格项目1122项次。其中，食品添加剂621项次、质量指标257项次、其他微生物（非致病微生物）146项次、致病微生物56项次、重金属等元素污染13项次、真菌毒素11项次、有机污染物10项次、禁用兽药3项次、其他污染物 2 项次、非食用物质 1 项次、其他生物 1 项次、兽药残留 1 项次。加工食品实物不合格主要有五个方面原因。一是生产、运输、贮存、销售等环节卫生防护不良，食品受到污染导致微生物指标超标。二是产品配方不合理或未严格按配方投料，食品添加剂超范围或超限量使用。三是使用塑料材质设备或生产过程控制不当，例如植物油原料炒制温度过高导致苯并［a］芘超标；大桶水灭菌控制不当导致溴酸盐超标等。四是不合格原料带入、成品贮存不当、产品包装密封不良等原因导致产品变质。例如，肉制品、蜂产品兽药残留不合格，肉制品、水产制品重金属超标，食用油的黄曲霉毒素超标，粮食加工品中玉米赤霉烯酮超标，部分食品的酸价、过氧化值不合格等。五是减少关键原料投入、人为降低成本导致的品质指标不达标。例如，酱油的氨基酸态氮不合格、饮料的蛋白质不合格、味精中的谷氨酸钠含量与标签明示值不符等。

三 投诉举报情况

2021 年，全省市场监管系统共接收食品类投诉举报信息 92154 件，其中投诉 56181 件、举报 35941 件、咨询 32 件。按商品分类，一般食品类，酒、饮料类，保健食品类，婴幼儿配方食品类，特殊医学用途配方食品类接收投诉举报信息占比分别为 64.86%、9.17%、2.57%、0.32%、0.09%。按服务分类，餐饮服务类接收占食品类总数的 22.99%（见表 6）。

表6 2021年河北省食品类投诉举报接收情况

单位：件，%

类别	名称	接收总数	占比	已受理	受理率
商品类	一般食品	59769	64.86	32202	53.88
	酒、饮料	8449	9.17	4250	50.30
	保健食品	2368	2.57	975	41.17
	婴幼儿配方食品	297	0.32	186	62.63
	特殊医学用途配方食品	81	0.09	32	39.51
服务类	餐饮服务	21190	22.99	10055	47.45

（一）投诉举报情况分析

第一，从商品分类看，反映一般食品的投诉举报59744件，排前三位的依次为：肉及肉制品6654件，占比11.14%，主要为肉产品、肉制熟食制品等；烘焙食品6272件，占比10.50%，主要为面包、糕点、饼干、膨化食品、月饼等；蔬菜3752件，占比6.28%，主要为白菜、菠菜等（见图14）。

第二，反映酒、饮料的投诉举报8447件，主要为非酒精饮料3748件，占酒、饮料接收总数的44.37%；酒精饮料2959件，占酒、饮料接收总数的35.03%；茶1578件，占酒、饮料接收总数的18.68%；咖啡、可可162件，占酒、饮料接收总数的1.92%（见图15）。

第三，从服务类看，反映餐饮服务的投诉举报21185件，排前三位的依次为：餐馆服务13459件，占比63.53%；小吃店服务1612件，占比7.61%；餐饮配送服务1220件，占比5.76%（见图16）。

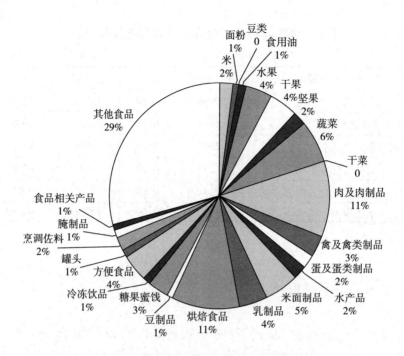

图14　2021年河北省一般食品投诉举报情况分析

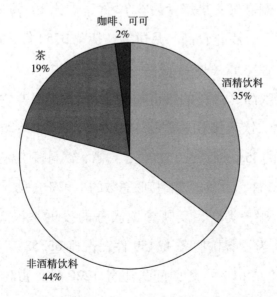

图15　2021年河北省酒、饮料的投诉举报情况分析

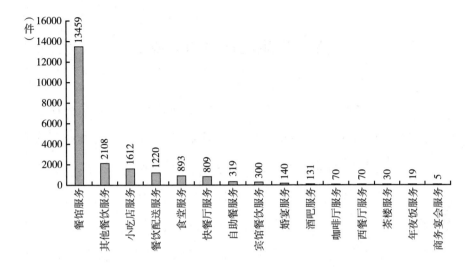

图16　2021年河北省餐饮服务投诉举报情况分析

（二）梳理反映的问题

1.生产环节

一是使用不合格原材料和辅料，如使用过期、失效、变质、污秽不洁、回收、受到其他污染的食品。二是生产场所不能持续保持应当具备的环境条件和卫生要求。三是违法使用或者滥用食品添加剂、非法添加非食用物质。四是无证生产。

2.流通环节

一是商家销售腐败变质、霉变生虫、掺杂掺假、污秽不洁、混有异物等食品，导致消费者出现身体不适等问题。二是一些商家伪造、涂改或者虚假标注生产日期和保质期，且销售超过保质期及三无食品。三是经营场所环境条件恶劣，无证经营，餐具清洗消毒不当，经营人员无员工健康证明。

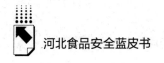

四 食品案件查办情况

2021 年全省市场监管系统共查办食品案件 27964 件，移送司法机关 265 件，与上年 19459 件相比增加 43.7%。食品类违法案件递增的主要原因是随着疫情防控成果的巩固，市场经营活动繁荣，各地开展的地摊经济、小店经济等数量进一步增长，有的经营者法律法规意识较淡薄。在食品流通环节特别是餐饮服务环节中，市场主体以"小、散"为主，经营主体基数增大，易发生违反食品安全法律法规行为。案件主要有以下特点。一是从案值看，5 万元以下的案件居多，有 27838 件，占食品案件总数的 99.5%。二是从查处的案件产品看，较为集中在水果、蔬菜、豆类、食用菌、藻类、坚果以及籽类产品（950 件），粮食及粮食制品（872 件），肉及肉制品（844 件），调味品（635 件），焙烤食品（418 件），饮料类（397 件）六类食品。三是从违法主体看，食品生产主体违法案件 20394 件，占比较高；食品经营主体 7570 件，其中食品销售主体 4602 件、餐饮服务主体 2968 件。四是从违法行为看，间接危害生命健康的违法行为案件 27194 件，直接危害生命健康的违法行为案件 770 件。

五 2021年食品安全工作措施成效

（一）深化党政同责，全面落实属地管理责任

河北省委、省政府高度重视食品安全，省委书记开展食品安全

调研，研究食品安全工作，强调要坚持人民至上、生命至上，强化督查检查和考核问责，以更大的力度、更实的举措抓好食品安全。省长亲自担任省政府食品安全委员会主任，主持召开省食安委全体会议，研究部署食品安全工作。省委常委、省政府常务副省长和分管副省长切实履行省食安委副主任职责，推动食品安全工作任务落实。省委全会、省政府工作报告就加强食品安全作出安排，将食品安全重点任务纳入省级党委、政府跟踪督办事项，对地方党政领导干部履行食品安全工作职责情况开展巡视巡察。2021年以来，省委、省政府多次召开省委常委会议、省政府常务会议、省政府党组会议听取食品安全工作汇报，研究解决重大问题。全省各级党委、政府切实履行食品安全领导责任和属地责任，各级食安委及其办公室强化协调督导，推动食品安全各项工作落地见效，坚决当好首都食品安全"护城河"。

（二）强化源头治理，探索治本之策

一是制发省级年度受污染耕地安全利用和严格管控工作方案，将任务分解下达有关市县，督促市县落实措施和开展效果评估，全省所有受污染耕地全部落实风险管控，受污染耕地安全利用率达到90%以上，完成国家下达的目标任务。二是组织全省农业标准化、农兽药使用和检测技术人员培训，全省开展农兽药残留限量食品安全国家标准宣传贯彻的县市比例达到90%以上。加大禁限用农兽药宣传力度，使农兽药经营门店、种植养殖基地和合作社等生产经营主体知晓禁限用药物清单和常规药物使用残留限量规定。推进现代农业全产业链标准化生产，组织廊坊葡萄、平泉香菇申报国家试

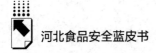

点，实施省级绿色食品有机农产品标准化生产典型示范项目。三是
加强对合格证制度的实施指导和监督管理，组织对农产品生产企业
合格证开具情况进行现场检查。部署推进承诺达标合格证制度工
作，组织附证农产品专项监测 150 批次。四是持续推进农药减量增
效工作，建设小麦等全程绿色防控示范区 136 个、示范面积 90 万
亩，绿色防控技术覆盖率达 80% 以上，单位面积化学农药减少
39% 以上，示范推广一批农业防治、生态调控、生物防治等绿色防
控技术和产品。五是组织开展第三批兽用抗菌药使用减量化行动试
点评价工作，5 家部级减抗试点通过国家验收并公布，30 家省级试
点完成减抗效果评价。六是多部门联合印发《食用农产品"治违
禁 控药残 促提升"三年行动方案》，制定 11 个重点品种治理清
单，组织开展农产品质量安全等 3 个"百日大排查"行动，建立
21 个重点品种生产主体名录。推进常规农兽药残留速测，组织重
要时期飞行检查和监督抽查，加强水产养殖执法，开展水产养殖禁
限用药物专项检查，严厉打击违法使用添加禁限用药物等行为，按
要求公布典型案件，取得阶段性明显成效。

（三）狠抓过程管控，推进整治提升

落实食品安全战略，发布《河北省食品药品安全监管"十四
五"规划》。连续三年开展"落实企业主体责任年"活动，全省食
品生产企业食品安全管理人员监督抽查考核覆盖率、合格率均达
100%，1636 家企业建立实施 HACCP 等先进质量管理体系，其中
规上企业实现全覆盖。深入实施许可、飞行、体系"三项检查"，
对省内婴配乳粉生产企业实施体系检查全覆盖。深入开展"餐饮

安全你我同查"活动，立案868件。深入开展保健食品行业专项清理整治行动，查处案件282件，移送司法29件，举办科普宣传7285场。开展食用农产品市场销售质量安全整治百日行动，查处问题331起，责令整改447起，移送司法6起。实施校园食品安全守护行动，全省学校食堂"明厨亮灶"覆盖率达到99.72%，省会石家庄市学校食堂"互联网+明厨亮灶"覆盖率达到93.48%，超额完成国家任务。

（四）统筹疫情防控，优化追溯机制

强化进口冷链食品监管，切实掌握具有直接从国外进口冷链食品资质企业、从国内第三方采购经营进口冷链食品企业的进货渠道、主要品种和来源国别。严格落实"三专、三证、四不"要求，对于"一单三证"不全、未录入追溯系统以及没有追溯码的进口冷链食品一律不准入市销售和加工使用。将原有食品、食用农产品、冷链食品三个追溯系统整合，率先建成"河北食品追溯管理平台"，实现对食品、食用农产品和冷链物品全过程追溯、一网溯源，进一步提升监管效能。推进农产品追溯体系建设，专项资金支持推进食用农产品追溯及合格证试点项目，专题部署推进农产品追溯与农业农村重大创建认定等"六挂钩"工作，指导各市严把推荐审核关，凡不符合追溯要求的，一律取消财政支持项目和评优评先资格。

（五）夯实基础支撑，提升治理能力

持续强化投入保障，严格农产品质量安全检验检测机构"双

认证"考核及证后监管工作，对获证机构开展飞行检查和能力验证。全省农业农村部门食用农产品定量检测量达到 1.5 批次/千人，省级完成监督抽查 1600 批次，检出不合格产品 24 批次，问题发现率为 1.5%。豇豆、韭菜监测样品的比例高于豇豆、韭菜产量占全省蔬菜总产量的比例；省级豇豆、韭菜抽检合格率均高于 2020 年全国平均水平；组织开展全省豇豆、韭菜常规药残超标排查整治工作。全省林业部门完成食用林产品监测取样 1110 批次，监测产品包括采收期产品、生产期叶片和幼果；针对不合格样品，及时下发《关于切实加强食用林产品质量安全监管工作的通知》，督促各地加强对生产基地的安全监管，加强技术培训指导，强化生产投入品源头管控，及时采取有针对性的处置措施并督促整改到位。年底前将完成食用林产品 1000 批次监测任务。全省市场监管系统共完成食品抽检 33.95 万批次，达到 4.5 份/千人，预计全年达到 4.8 份/千人，超额完成"十三五"规划 4 份/千人的目标要求。扎实推进信用监管、智慧监管工作，建立食品企业信用档案，对监督抽检、行政处罚等信息全面归集。

（六）加强协作配合，促进社会共治

着力构建统一协调、责任明确、运行高效的冬奥食品安全赛时运行指挥体系，圆满完成暑期安全保障任务，确保食品安全万无一失。强化行政执法与刑事司法衔接，创新监管部门间协作机制。河北省农业农村厅联合省市场监管局印发《关于落实食用农产品重点品种产地准出市场准入制度的公告》，推进重点品种信息全程追溯，完善食用农产品产地准出市场准入机制，加强工作衔接。畅通投诉举报渠道。推进食品安全网格化监管，强化乡镇农产品质量安全网格化管理，印发《河北省农产品质量安全网格化监管体系建设工作方案》，建立乡镇监管员、村级协管员工作制度，明确各级网格工作职责；举办10期网格化监管工作培训班，培训基层监管员、协管员2278名。深化食品安全科普普法，建立舆情监测处置、谣言粉碎机制，积极构建全省大宣教工作格局。

虽然全省食品安全工作取得一定成效，但仍然存在短板弱项。例如，农兽药残留超标、非法添加等问题依然存在；假冒伪劣、虚假宣传等问题屡打不绝；企业主体责任落实不到位，推动社会共治、接受媒体监督等能力不足的矛盾仍较突出。因此，全省要坚持以习近平新时代中国特色社会主义思想为指导，落实"四个最严"要求，立足"严"的主基调，稳中求进、守正出新，全力推进食品安全治理体系和治理能力现代化，努力实现2022年食品安全工作目标。

六 全面加强2022年食品安全工作

2022年是党的二十大召开之年，做好年度食品安全工作，要坚持以习近平新时代中国特色社会主义思想为指导，深入贯彻落实党中央、国务院和省委、省政府关于食品安全工作的安排部署，立足问题导向，立足"严"的主基调，以高度的政治责任感和极端负责的态度，落实好"四个最严"要求，为党的二十大胜利召开提供坚实保障。

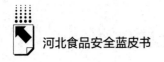

（一）强化进口冷链食品监管工作

积极推进河北省口岸城市、流转量大的重点城市进口冷链食品监管仓建设；督促食品生产经营者、集中交易市场开办者、第三方冷库经营者在采购、加工、储存、销售进口冷链食品时，严格落实"三专、三证、四不"要求；指导各地做好涉疫食品的排查管控，强化源头管控、风险监测、预防性消毒等措施，有效切断疫情输入渠道。

（二）全面加强源头治理

净化产地环境，开展农用地土壤重金属污染源头防治行动。分解下达 2022 年受污染耕地安全利用任务，在轻中度污染耕地上落实品种替代、水肥调控、土壤调理等安全利用措施；在重度污染耕地上实施种植结构调整或退耕还林还草。分析研判涉镉农产品重点品种超标成因。规范农业投入品使用，深入开展食用农产品"治违禁控药残促提升"专项行动，严厉打击非法使用禁限用药物行为，严格管控常规农药兽药残留超标，加强农药网络销售监管。完成 4 种高毒农药的淘汰工作，强化农膜源头准入管理，加大对生产、销售、使用非标农膜的监管力度。加大对食用农产品承诺达标合格证制度的宣贯指导力度，切实加大种植养殖环节落实力度。

（三）深入推进校园食品安全守护行动

组织对学校食堂和校外供餐单位开展全覆盖风险排查，重点加大对县、乡学校（幼儿园）的食品安全监督抽检和检查力度，推动校园食堂采购可追溯食品、农产品。督促落实学校食品安全校长（园长）负责制，督促各地相关部门强化责任落实，依法从严从重从快惩处违法违规行为。

（四）持续整治突出问题

重点推进农村市场食品安全综合治理能力提升行动。加强流通渠道管理，创新工作方式，加大科普宣传和培训教育力度。完善农村市场食品安全治理机制，提升农村市场食品安全保障能力和水平。推动重点区域、重点人群、重点品种食品添加剂"超范围、超限量"使用问题治理，严厉查处生产经营含金银箔粉食品违法行为，加强食品安全和营养健康教育，坚决遏制"食金之风"。

（五）严格特殊食品监管

省、市联合推动特殊食品、乳制品生产企业体系检查全覆盖，其中省级婴幼儿配方乳粉、特殊医学用途配方食品生产企业体系检查覆盖率达到100%。保健食品、乳制品生产企业体系检查省级完成35%左右，市级完成65%，实现全覆盖。特殊食品生产企业自查报告率达到100%。确保"一老一小"食品安全。

（六）保持严惩重处高压态势

深入开展"铁拳"行动，组织查办一批社会和群众反映强烈的违法案件，组织查处、挂牌督办一批食品安全大案要案。落实"处罚到人"要求，对主观故意、性质恶劣、造成严重后果的食品生产经营单位责任人依法严厉处罚，实施食品行业从业禁止。及时

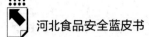

宣传曝光典型案例，形成震慑效果。开展"昆仑2022"行动，严厉打击食用农产品非法使用农（兽）药、"瘦肉精"及其他违禁物质，食品、保健食品非法添加等犯罪活动，全环节铲除犯罪利益链条。对重大案件进行挂牌督办，始终保持对食品犯罪高压态势。深化进口食品"国门守护"行动，重点打击冻品、海鲜等来源不明冷链食品走私入境。

（七）推进智慧监管

完善食品安全智慧监管系统，强化风险监测和研判，实现分级分类监管，提高监管针对性、有效性。提升农贸市场数字化管理水平。构建数据统计分析模型，综合研判食品安全风险。继续开展"阳光农安"试点，探索利用人工智能技术等高科技手段强化农产品质量安全管理。加大婴幼儿配方乳粉追溯体系宣传推广力度，消费者通过食品工业企业追溯平台查询国产婴配乳粉追溯信息次数比2021年提高50%以上。加快推进食盐电子追溯体系建设。促进学校食堂"明厨亮灶"全覆盖，学校食堂和校外供餐单位"互联网+明厨亮灶"两个覆盖率均达到100%，校外供餐单位建立HACCP或ISO22000管理体系的比例达到60%。

（八）实施信用监管

将食品抽检不合格信息、行政处罚信息等归至国家企业信用信息公示系统，依法将食品领域严重违法失信市场主体列入严重违法失信名单。科学划分食品生产企业风险等级，实施差异化监管。对重点监管对象，提高风险等级，加大监管力度。深入宣贯《食品工业企业诚信管理体系》标准。探索农安信用分等分级动态评价，推动开展"信用+监管""信用+金融信贷"试点。推进食用农产品承诺达标合格证制度，推进与市场准入衔接，推动在集团购买和校园食堂采购中查验承诺达标合格证。对从事粮食收购、储存和政策性粮食购销活动的企业探索实施分级分类监管。

（九）加大检验检测力度

市场监管部门食品及食品相关产品检验量达到4批次/千人。全省农产品质量安全定量检测量达到1.5批次/千人。加强农产品质量安全检验检测体系建设，市、县两级检测机构通过资质认定（CMA）和农产品质量安全检测机构考核评审（CATL）的比例达到50%。扩大食用林产品检验检测机构能力验证范围，完成1000批省级食用林产品质量监测。组织完成国家层面下达的食品安全风险监测任务。

（十）完善社会共治共享格局

持续推进"双安双创"。指导第四批创建国家食品安全示范城市开展自评，积极申报第五批创建城市。做好第三批国家农产品质量安全创建县验收工作，积极申报第四批创建县。举办"全省食品安全宣传周"活动，利用"全省科普日"广泛开展食品安全进基层科普联合行动，帮助群众提高食品安全风险防范意识和辨别能力。加强食品安全舆情监测，对突发事件要第一时间发声，及时回应社会关切，开展舆论引导。指导各地健全食品安全责任保险工作机制，鼓励食品企业投保食品安全责任保险。

分 报 告
Sub−Reports

B.2
2021年河北省蔬菜水果质量安全
状况分析及对策研究

王 旗　赵少波　张建峰　赵 清　郄东翔　甄 云　马宝玲　李慧杰　郝建博　张姣姣*

* 王旗，河北省农业农村厅农业技术推广研究员，享受国务院特殊津贴专家，近年来一直从事蔬菜、水果、中药材等特色产业生产管理与技术推广工作；赵少波，现任河北省农业农村厅特色产业处副处长，多年来一直从事果品生产和质量安全监管工作；张建峰，河北省农业农村厅高级农艺师，河北省"三三三人才工程"三层次人选，近年来一直从事蔬菜、水果等作物管理、技术推广工作；赵清，河北省农业农村厅高级农艺师，河北省"三三三人才工程"三层次人选，近年来一直从事蔬菜、食用菌生产管理、技术推广等工作；郄东翔，河北省农业农村厅农业技术推广研究员，河北省"三三三人才工程"二层次人选，近年来一直从事蔬菜生产管理、技术推广等工作；甄云，河北省农业特色产业技术指导总站高级农艺师，河北省"三三三人才工程"三层次人选，长期以来从事中药材、蔬菜生产管理、技术推广工作；马宝玲，河北省农业农村厅高级农艺师，河北省"三三三人才工程"三层次人选，近年来一直从事食用菌、中药材生产管理、技术推广等工作；李慧杰，河北省农业农村厅高级农艺师，入选河北省"冀青之星"典型人物，近年来一直从事中药材、水果等作物管理、技术推广工作；郝建博，河北省农业农村厅经济师，近年来从事水果产业经济、生产管理、技术推广等工作；张姣姣，河北省农业农村厅三级主任科员，近年来从事梨果生产管理、技术推广等工作。

摘　要： 2021年，以产业兴旺和农民增收为目标，聚焦建设沙地梨、优势食用菌、环京津精品蔬菜、道地中药材、山地苹果、优质葡萄6个特色产业集群，坚持重点工作求突破、补齐短板强产业，推进特色产业向产业化、品牌化、高端化方向发展。2021年，全省蔬菜播种面积1221万亩，总产量5284万吨；食用菌面积35.5万亩，产量172万吨，居全国第5位；水果种植面积780万亩，居全国第10位，总产量1050万吨，居全国第6位。在全年农产品质量安全例行检测中，水果产地合格率100%、蔬菜合格率99.3%，全省蔬菜水果质量安全水平总体继续稳定。本文系统回顾了2021年河北省蔬菜水果产业发展，总结了蔬果产品质量安全管理举措，全面分析面临的质量安全形势，并提出了对策建议。

关键词： 蔬菜水果　质量安全　河北

2021年，河北省深入贯彻习近平总书记关于食品安全的重要指示要求，认真落实党中央、国务院决策部署，把人民生命安全和身体健康放在第一位，坚决守住农产品质量安全底线，积极优化蔬菜水果特色优势产业，坚持生产、质量、效益齐抓共管，确保人民群众"舌尖上的安全"，蔬菜水果产业发展成效显著。

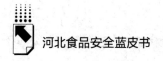

一 蔬菜水果生产及产业概况

2021年，以产业兴旺和农民增收为目标，以深化农业供给侧结构性改革为主线，以提升农业发展质量效益和综合竞争力为核心，聚焦建设沙地梨、优势食用菌、环京津精品蔬菜、道地中药材、山地苹果、优质葡萄6个特色产业集群，坚持重点工作求突破、补齐短板强产业，推进特色产业向产业化、品牌化、高端化方向发展。

（一）蔬菜产业发展概况

河北省是全国蔬菜产销大省和设施蔬菜重点省份，在保障京津乃至全国市场供应上发挥着重要作用。2021年，全省蔬菜播种面积1221万亩，总产量5284万吨，其中设施蔬菜面积345万亩。蔬菜产业规模化、设施化、集约化特征日趋明显，形成了环京津日光温室蔬菜、冀东日光温室瓜菜、冀中南棚室蔬菜、冀北露地错季菜四大蔬菜产区，实现了蔬菜四季生产、周年供应。鸡泽辣椒、玉田包尖白菜、崇礼彩椒、永年大蒜、馆陶黄瓜、昌黎旱黄瓜、永清胡萝卜、沽源花椰菜等31个规模化集中产区特色突出、优势明显。河北省蔬菜在北京批发市场常年占有率在40%左右，其中7~9月张承地区大白菜、甘蓝等错季菜占比达70%以上，多年来稳居外埠进京蔬菜市场份额之首，是名副其实的首都"菜园子"。

（二）食用菌产业发展概况

2021年，全省食用菌面积35.5万亩，产量172万吨，居全国第 5 位，打造了以平泉、宽城、兴隆、承德县为核心的全国最大的越夏食用菌产业集群。全省 113 个县（市、区）种植食用菌，万亩以上大县 8 个，占全省总面积 60% 以上，辐射带动 50 万菇农受益。形成了太行山、燕山食用菌产业带，坝上错季食用菌产区，环京津珍稀菇产区和冀中南草腐菌产区的"一带三区"布局。建成了平泉香菇、阜平香菇、承德县黑木耳、遵化香菇、迁西栗蘑等一批特色优势产区，平泉香菇、遵化香菇入选中国特色农产品优势区。

（三）水果产业发展概况

2021 年，全省种植面积 780 万亩，居全国第 10 位，总产量 1050 万吨，居全国第 6 位。打造国家级特色农产品优势区 7 个、省级 27 个，培育出晋州鸭梨、富岗苹果、深州蜜桃、怀来葡萄、黄骅冬枣等一批驰名中外的特优果品，深受国内外市场青睐。

1. 梨产业实力稳居全国第 1 位

2021 年种植面积 175 万亩，产量 360 万吨，年出口 16 万吨，面积、产量、出口量均居全国第 1 位，其中出口量占全国梨出口总量的 50% 以上。晋州长城建成全国最大的鲜梨智选中心，占京东梨自营量 60% 以上，成为高端梨风向标；辛集翠王成为美团等 6 大平台河北梨果直管仓，直采量全国第一；组织 23 家企业成立河北鲜梨出口企业联盟，梨果出口 72 个国家和地区，出口量占全国梨出口总量的 50% 以上。

2. 葡萄产量居全国第 2 位

2021 年全省种植面积 69.2 万亩，产量 132 万吨，面积居全国第 3 位，形成了以怀涿盆地（怀来、涿鹿）和冀东滨海（昌黎、卢龙）为中心的葡萄酒加工和鲜食葡萄生产基地。主产区为涿鹿县、怀来县、昌黎县、卢龙县、乐亭县等地，主要有白牛奶、龙眼、阳光玫瑰、红地球、巨峰等鲜食葡萄及赤霞珠、品丽珠等专用酿造葡萄品种。近几年，平原设施和鲜食葡萄发展较快，饶阳（设施葡萄）、晋州、永清、威县、永年、广宗、柏乡等新兴产区已迅速崛起。拥有以葡萄酒为主的加工企业100多家，年产葡萄酒20万吨，占全国葡萄酒总产量的20%，形成了"长城""桑干""华夏""中法""朗格斯"等一批知名商标。

3. 苹果产量居全国第7位

2021年全省种植面积193万亩，产量240万吨，面积居全国第6位。主产区为燕山、太行山浅山丘陵区及渤海湾的承德县、平泉市、青龙县、抚宁区、遵化市、顺平县、内丘县、邢台市信都区、井陉县等地，主要特色品种有红富士、国光、王林、乔纳金、嘎拉等。主要出口马来西亚、新加坡、印度尼西亚、菲律宾等国家和地区，近年来出口中东也呈上升趋势。

4. 桃面积、产量均居全国第3位

2021年全省种植面积90万亩，产量145万吨。主产区为深州市、乐亭县、顺平县、唐县、满城区、临漳县等地，目前全省桃栽培品种较多，主要有大久保、重阳红、早凤王、瑞光、曙光、早露蟠桃等。鲜桃出口量不大，以桃罐头出口为主，主要出口韩国、日本、中国香港、中国澳门等地。

二 河北省蔬菜水果质量管理主要举措

2021年，以农业供给侧结构性改革为主线，坚持质量兴农、绿色兴农、科教兴农、品牌强农，落实"四个最严"要求，突出抓好标准化生产、农产品专项整治，着力打造"四个农业"，大力发展农业特色产业，促进高质量发展成为蔬菜水果产业的主旋律。围绕提高蔬菜、水果总体质量水平，主要开展了以下工作。

（一）加强果蔬质量安全监管

制定下发《2021年果蔬标准化生产推进方案》，开展"标准化+集群"行动，示范推广富岗集团苹果生产128道工序苹果标准模式，威县矮密化、省力化、高效化梨栽培模式，宁晋县以"菌种鉴定+优良品种+外援营养+精准化管理"为核心的北方设施羊肚菌高产技术模式和黄芪化肥农药减施增效技术模式，助力产业升级。推荐申报特色产业标准105项，遴选确定冬奥果蔬基地42个，其中蔬菜27个、水果15个。制定印发《2021年河北省蔬菜水果等特色农产品质量安全专项整治行动方案》和叶菜、水果、麻山药、农药4个质量安全专项整治行动方案，实现对果蔬和农业生产企业、合作社质量管控全覆盖。开展"双随机"飞行检查，共抽取蔬菜水果样品90余个，均未发现问题。配合农安局做好蔬菜和水果抽检工作，对蔬菜和水果中检出的不合格参数和品种，强化农药销售和使用管理，加强技术指导，加大宣传力度，采取针对性措施防范消除风险。

（二）农药监管逐步强化

落实省委、省政府主要领导批示精神，研究制定《关于进一步加强农药监督管理工作的若干措施》，从5个方面提出17条具体措施，并经省政府同意，以省农业农村厅名义印发各地实施，成为当前和今后一个时期河北省加强农药管理的纲领性文件。组织开展百草枯及高毒农药专项排查整治行动、全省农药生产经营许可专项检查行动和全省农药经营门店专项排查清理行动，先后组成5个督导检查组，对全省14个市（区）95个县进行督促指导。查缴并销毁21吨散落在个别农药经营门店、农户家中的禁用农药和过期农药，有效地净化了农药市场，降低了群众安全用药风险。开展农药打假行动，通报了一批违法违规企业，立案查处了一批生产经营假农药企业和经营者，约谈了8个监督抽查问题企业主要负责人，通过严查严打，对生产经营假劣农药的违法违规现象起到了极大的震慑作用。

（三）抓好省级监管追溯平台应用

做好省市两级平台对接和信息录入上传，新增主体全面填报信息、已建档主体完善相关信息、清理僵尸用户、村级网格员全部录入省级平台。依托平台开展农安监测，利用移动终端开展监测抽样，全面精准记录抽样信息。强化线上线下协同监管，利用监管移动终端开展巡查检查，检查结果实时上传省平台。

（四）深化食用农产品承诺达标合格证

通过强化宣传引导，进村入企大力宣传合格证的开具使用和查验留存相关要求，营造社会良好农安监管氛围。严格产地准出管理，会同市场监管部门定期组织开展督导检查活动，进一步压实农产品生产者、市场销售者主体责任和部门监管责任。合理选择和推行出证模式，扩大合格证推广范围，破解小农户出具合格证难题。

（五）强化供奥农产品供应基地管控

做好冬奥会筹办是省委、省政府确定的全省三件大事之一，加强蔬菜、水果供奥备选基地监管，督促完善种植档案，严格投入品使用，依法落实农药安全间隔期、休药期等质量管控制度，加大禁限用农药等违禁药物的监测力度，实施动态管理，依托省平台实现主要供奥果蔬产品可追溯管理；组织各产业技术创新团队指导冬奥会备选基地执行相关国家标准、地方标准，针对供奥产品制定质量控制规程，实施标准化生产，提高农产品质量安全水平。

（六）大力培育高素质农民队伍

按照分层次、按类型、依产业培育高素质农民的要求，围绕"四个农业"和全省优势产业集群等重点工作，对4.9万名家庭农场、农业企业、农民合作社成员和脱贫县产业巩固拓展骨干以及农村创新创业者开展高素质农民培训。县级培训基地以普训、轮训为主，市级以产业提升培训为主，省级以管理和精英培训为主。探索高素质农民培训改革，推广线下和线上相互补充、课堂教学与观摩学习相结合、常规"种养加"与电子商务相衔接等做法。

三　蔬菜水果质量安全形势分析

蔬菜水果等产品质量问题，始终是关系消费者身心健康和产业发展的重大问题。2021年以来，河北省认真贯彻党的十九届六中全会、中央农业农村工作会议精神和省委、省政府有关部署，及时掌握全省农产品质量安全状况，提高全省农产品质量安全风险监控能力，确保"冬奥""两会"期间及重点时段农产品质量绝对安全，确保不发生重大农产品质量安全事件，严厉打击各类违法违规用药和非法添加行为，守住蔬菜、水果等特色农产品质量安全底线。在农产品质量安全例行检测中，水果产地合格率100%、蔬菜合格率99.3%。总体来看，2021年全省蔬菜水果质量安全水平总体继续稳定，但个别品种和参数仍存在一定风险。

（一）检测抽查总体情况

2021年，对全省13个市的蔬菜、水果产业示范县、国家级蔬菜标准示范园、环省会蔬菜水果产区、安全示范县、认定产地、非认定产地、蔬菜市场开展了农药残留的例行监测工作。检测品种涉及蔬菜、水果种类包括黄瓜、韭菜、芹菜、菠菜、西红柿、油菜、香菜、茴香、小葱、草莓、苹果、梨等85种，基本涵盖了全省蔬菜水果品种。检验项目涉及甲拌磷、多菌灵、克百威、毒死蜱、治螟磷、氯氰菊酯、腐霉利、氧乐果、氟虫腈、二甲戊灵、阿维菌素等有机磷、有机氯、拟除虫菊酯、氨基甲酸酯类等89种农药残留。全年共抽检13597个样品，涉及蔬菜、水果85个品种，检测参数89个，检出不合格样品101个，合格率为99.3%。

（二）农残情况分析

全省检测发现的主要问题：一是叶菜类蔬菜超标最多，达35个样品，占超标样品的34.6%；二是克百威、毒死蜱、氟虫腈等国家禁止在蔬菜上使用的高毒农药仍有检出。

第一，从抽样环节上看，生产基地样品 13047 个，占总样品量的 96%；市场环节样品 550 个，占总样品量的 4%。101 个不合格样品中生产环节有 89 个，占比 88.1%；市场环节有 12 个，占比 11.9%。种植产品产地合格率为 99.3%，市场合格率为 97.8%。

第二，从监测区域看，101 个不合格样品中沧州、唐山各 12 个，张家口、石家庄、衡水各 10 个，保定 9 个，辛集 8 个，邯郸、承德、秦皇岛各 6 个，邢台 5 个，廊坊 4 个，雄安新区 2 个，定州 1 个。

第三，从监测品种看，叶菜类蔬菜超标 37 个，占超标样品的 36.6%；鳞茎类蔬菜超标 23 个（其中韭菜 19 个），占超标样品的 22.8%；茄果类超标 14 个，占超标样品的 13.9%；根茎类蔬菜超标 7 个，占超标样品的 6.9%；豆类、瓜类蔬菜及其他品种超标 20 个，占超标样品的 19.8%。

第四，从监测参数看，101 个不合格样品中检测出常规农药超标 73 个，禁限用农药 30 个（注：有个别样品检出 2 种及以上农药）。常规用药超标中腐霉利超标 14 个，占超标项次的 13.6%；氯氟氰菊酯和高效氯氟氰菊酯超标 13 个，占超标项次的 12.6%；噻虫胺超标 7 个，占超标项次的 6.8%；啶虫脒、阿维菌素各超标 6 个，分别占超标项次的 5.8%；吡虫啉超标 5 个，占超标项次的 4.9%；甲氨基阿维菌素苯甲酸盐超标 4 个，占超标项次的 3.9%；虫螨腈超标 3 个，占超标项次的 2.9%；氯氰菊酯、嘧菌酯、噻虫嗪、烯酰吗啉各超标 2 个，分别占超标样品的 1.9%，苯醚甲环唑、吡唑醚菌酯、丙溴磷、哒螨灵、腈菌唑、氰戊菊酯、联苯菊酯各超标 1 个，分别占超标项次的 1.0%；禁限用药物中毒死蜱超标 12 个，占超标项次的 11.7%；克百威超标 8 个，占超标样品的 7.8%；

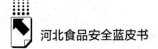
甲拌磷超标 4 个，占超标项次的 3.9%；氟虫腈、涕灭威、氧乐果各超标 2 个，分别占超标样品 1.9%。

第五，从趋势看，近三年蔬菜产品抽样合格率分别为 99.2%、97.6% 和 99.3%，蔬菜总体合格率保持在较高水平。2019~2021 年全省蔬菜禁限用农药超标占比（76.2%、37.5%、29.1%）持续降低，说明禁限用农药监管成效显著。目前主要农药风险品种为克百威、毒死蜱、氟虫腈、氧乐果、甲拌磷，禁限用农药超标比较突出的为叶菜类和豆类等蔬菜品种。

分析其原因主要有以下三点：一是传统生产方式增加监管难度。除企业和合作社经营的规模化蔬菜生产基地外，分散经营的菜园在一定程度上存在农药等化学品的乱用和滥用，病虫害防治仍倚重化学农药，违规使用化学投入品的情况时有发生，芹菜、韭菜等叶菜和鳞茎类病虫防控难度大，露地生产比例高，质量安全隐患和防控风险较大。二是农药制剂中人为添加的除登记有效成分以外的农药，主要包括未经登记批准的农药、未过专利保护期的农药、已经禁限用的农药等，导致检测出禁限用药物情况的发生。三是基层质检机构发挥作用有限。部分县级质检机构工作场地不足、专业检测力量缺乏，只配备了简单的农药残留速测设备，仅能开展 10 余种有机磷农药和 20 余项农残速测，检测能力不能满足生产实际需求。

四　今后工作对策建议

为认真贯彻落实中央和省农业农村工作会议精神，围绕乡村振兴战略，坚持问题导向，落实"四个最严"要求，扎实做好蔬菜水果质量安全工作，提出以下几点建议。

（一）推行标准生产

加强标准引领，鼓励各类高校、科研院所、生产经营单位参与制定国际标准、国家标准、行业标准、地方标准、团体标准和领先水平的企业标准，逐步形成涵盖果蔬生产、加工、仓储、包装、物流等产前、产中、产后全产业链的标准体系。充分发挥蔬菜、水果创新团队技术优势，形成一批让普通老百姓"能看懂、易掌握、好应用"的轻简化技术规范和标准。开展"标准化+"行动，广泛开展技术培训，示范推广安心韭菜水培技术、苹果全程绿色高效生产技术、梨无袋化栽培技术、设施羊肚菌高产技术和黄芪化肥农药减施增效技术等技术规程或标准，助力产业升级，保障产品安全。

（二）严格源头管控

以现代农业示范园区、经营主体和重要赛会备选基地为重点，严格农药等投入品源头管控，严格落实用药间隔期、休药期规定，实现减药增效，保证质量安全。结合农药使用高峰期，通过日常抽检和突击检查相结合的方式，继续抓好以韭菜、芹菜、豇豆"三棵菜"为重点的蔬菜安全用药整治工作，积极开展农药打假和禁限用农药专项整治行动。示范推广良种壮苗、化肥减量增效、农药减量控害、水肥一体化、省力化栽培等节本增效关键技术。支持果蔬废弃物无害化处理，实现能量循环和废弃物综合利用，改善生产环境，提升果蔬产业绿色发展水平。

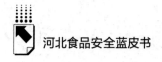

（三）强化例行监测

加大果蔬产品例行监测力度，特别是在重点时段、重大活动和节假日，扩大监测范围，增加监测品种和批次，健全监测网络，特别是对韭菜、芹菜、豇豆等开展覆盖乡镇的常规药残超标大排查，进一步加大监测力度。在现有质量安全例行监测、监督抽查和风险评估的基础上，结合农事季节特点和农资打假专项行动，围绕重点产品、重点区域，加大农药打假专项整治力度，严厉查处假劣农药，维护农民利益，确保农产品用药安全。

（四）完善追溯体系

指导果蔬生产基地建立产地编码和生产者质量安全责任制度，规范生产管理记录，建立健全生产管理档案。科学引导示范园区核心企业、重要赛会备选基地入驻河北省农产品质量安全监管追溯平台，实现农产品全产业链追溯。指导生产经营企业加强包装标识管理，规范产品名称、产地编码、生产日期、保质期、生产者、产品认证等基本信息；对市场供给率高、商品化程度高的果蔬生产者，全面落实食用农产品合格证制度。

（五）加大农药安全性和有效性监测工作力度

根据农药生产、销售、使用现状以及主要农作物和优势农产品生产布局，结合全省农药安全风险监测工作实际，积极推进农药安全风险监测站点项目申报及建设，建立健全农药安全风险监测网络，不断拓展风险监测渠道。明确农药安全风险监测的工作内容，重点开展农作物药害、有害生物抗药性以及农产品质量、生态环境影响等方面的安全风险监测，不断提高监测数据的全面性、准确性和代表性。加强农药安全风险数据的收集和整理，开展风险信息筛查分析工作，在农业生产和农药产销的关键时段，适时作出农药安全风险预警。

（六）持续推进农药减量增效

坚持减药与保产并重、产量与质量统筹、生产与生态协调、节本与增效兼顾，大力推进农药减量增效工作，在确保果蔬产品有效供给、提升农产品质量安全、保护农业生态环境的同时，实现农药减量目标。加强新型植保产品试验工作，筛选高效低毒农药、助剂、生物制剂、理化诱控产品和植保机械等，广泛开展示范和推广应用工作，从源头提高农药使用效率。

B.3
2021年河北省畜产品质量安全状况分析及对策建议

陈昊青　魏占永　李越博　边中生　李海涛　冯琳　王春霞*

摘　要： 2021年是"十四五"规划开局之年，也是畜牧业转型升级、高质量发展的关键之年。全省畜牧业坚持"产出来""管出来"两手抓，强化源头管控和生产过程管控，不断提升优质畜产品供给能力，确保畜产品质量安全。本文总结了2021年全省在畜禽产能、奶业振兴、兽药管理、饲料管理、屠宰管理、风险防控和机制建设等方面取得的成效，多维度、多层次剖析了畜产品质量安全面临的形势和问题，并提出了对策建议，以供参考。

关键词： 畜产品　质量安全　河北

---

* 陈昊青，河北省农产品质量安全中心高级农艺师，主要从事农产品质量安全工作；魏占永，河北省农业农村厅农产品质量安全监管局三级调研员，主要从事农产品质量安全监管工作；李越博，河北省农业农村厅农产品质量安全监管局三级主任科员，主要从事农产品质量安全监管工作；边中生，河北省农业农村厅畜禽屠宰与兽药饲料管理处二级调研员，主要从事饲料管理工作；李海涛，河北省农业农村厅畜牧业处副处长，主要从事畜牧生产管理工作；冯琳，河北省畜牧总站高级畜牧师，主要从事饲料管理工作；王春霞，阜平县农业农村和水利局高级兽医师，主要从事畜牧兽医工作。

2021 年是"十四五"规划开局之年，全省各级农业农村部门以习近平新时代中国特色社会主义思想为指导，坚持以人民为中心的发展思想，严格落实"四个最严""产出来""管出来"等要求，坚决贯彻省委、省政府安排部署，推动畜牧业加快转型升级，提升发展质量，保障畜产品安全。

一　总体概况

2021 年，全省畜牧行业扎实践行新发展理念，以奶业、生猪、蛋鸡 3 个集群，30 个现代养殖示范园，36 个畜禽精品为突破口，以点带面，大力推进畜牧业向高质量目标发展。全省肉类产量 461 万吨，同比增长 10.9%，禽蛋产量 386.8 万吨，与上年同期基本持平，生鲜乳产量 498.4 万吨，同比增长 3.1%，有力地满足了城乡居民畜禽产品消费需要。畜产品监测总体合格率达到 99.7%，全省未发生重大畜产品质量安全事件。

兽药减量名列前茅。全省共建成部级减抗试点养殖企业 14 家，位居全国第三；省级减抗试点养殖企业 52 家，位居全国第一。

"粮改饲"成效显著。争取国家"粮改饲"试点项目资金 2.16 亿元，居全国前三位，为促进全省优质饲草料发展、奶业振兴奠定了基础。

生猪产能基本恢复。全省生猪存栏达到 1886 万头，基本恢复常年水平，全年生猪出栏 3410.6 万头，同比增长 17.3%。

奶业振兴保持领先。奶牛存栏达到 135.2 万头，同比增长 10.6%。乳制品产量 397.64 万吨、液体乳产量 387.85 万吨，同比

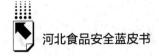

分别增长 6.51% 和 6.95%，均位列全国第一。

屠宰管理日趋规范。全省 9 家生猪定点屠宰厂被农业农村部命名为"国家生猪屠宰标准化示范厂"，位列全国第二，有效带动屠宰行业标准化生产。

二　主要措施

（一）推动集群建设，提升优质产品供给能力

一是提升畜禽产能。建设部级畜禽养殖标准化示范场 6 家、省级畜禽养殖标准化场 100 家，提高畜禽养殖规模化、标准化、规范化水平。生猪生产方面，推进 15 个现代生猪养殖示范园建设，扩大优质特色黑猪肉、无抗生态猪肉产能，提升养殖效益；健全完善产能调控长效机制，调控指标由以"生猪存栏"为主调整为以"能繁母猪"存栏为主，能繁母猪稳定在 187 万头，保障了生猪产业健康持续发展。肉牛、肉羊生产方面，制定肉牛、肉羊生产发展五年行动方案，明确河北省肉牛、肉羊产业发展目标及重点任务；将肉牛、肉羊产业集群纳入河北省优势特色产业集群建设范围，支持肉牛、肉羊示范园区建设，带动提升全省肉牛、肉羊生产能力。蛋鸡生产方面，建设优质蛋鸡产业集群、示范园区和高端精品基地，支持赞皇、平山等 9 县扩大太行鸡、北京油鸡、大午金凤等地方优质蛋鸡品种产能，扩大高端精品市场。

二是加快奶业振兴。印发《河北省高端乳品产业集群 2021 年推进方案》，深入实施进口牧草替代、牧场建设、种业提升、奶牛

核心群组建、新产品研发、园区建设六大工程，开展奶农大会、场企对接、部门对接、大招商、品牌营销五大活动；实施环京津奶业集群建设项目，建设奶牛良种繁育体系、优质奶源基地建设、高端乳制品加工、品牌与质量安全、组织经营体系、科技创新服务体系等八大工程，新建扩建牧场14个，乳品企业加工升级7个，研发2~3个高端乳制品品种。建设优质绿色奶源基地，支持183家奶牛家庭牧场升级改造，对74家奶牛场进行智能化改造，完成奶牛生产性能测定20.4万头，建成10吨以上高产奶牛核心群152个，主要营养指标达到国际先进水平。完成生鲜乳专项监测970批次，合格率100%。组织召开中国奶业高质量发展推进会议暨第三届河北国际奶业博览会、河北省奶农与乳企对接活动暨全省奶农大会，提升河北奶业品牌影响力。开展规范生鲜乳市场秩序专项整治，撤销2家主体资格不达标的生鲜乳收购许可证，推进签订和履行规范的生鲜乳购销合同，维护良好市场秩序。

三是加强畜禽粪污资源化利用。开展畜禽粪污整治和资源化利用再提升行动，全省规模养殖场畜禽粪污处理设施装备配套率保持在100%，畜禽粪污资源化利用率提升到79%以上。开展养殖异味污染整治，完成唐县等90个固体粪便、液体、气体等畜禽养殖异味污染等重点问题整治。开展白洋淀流域畜禽粪污治理专项行动，3441家畜禽规模养殖场粪污处理设施装备配套率保持在100%，粪污综合利用率达到90%以上。开展雄安新区退养，除建档立卡贫困户、易致贫边缘户等低收入群体外，实现4805家养殖场（户）全部退养。

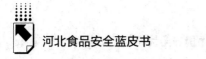

（二）强化源头管控，抓好全过程生产监管

一是强化兽药管理。制定《河北省兽用抗菌药使用减量化行动方案（2021—2025年）》，落实新版兽药生产GMP、兽药经营GSP、兽用处方药管理和兽药二维码追溯管理制度，确保经营企业兽药产品进销存数据100%上传入网。加强"河北省兽用抗菌药减量使用产业技术创新联盟"工作指导，建设减量使用抗菌药技术创新团队。共建成部级减抗试点养殖企业14家，位居全国第三；省级减抗试点养殖企业52家，试点数量位居全国第一。省级全年开展兽药监督抽查603批次，合格率为98.5%。

二是强化饲料管理。整域推进保定、唐山、沧州等3市和塞北、威县、隆化等27县区"粮改饲"，全省共完成"粮改饲"面积230万亩，同比增幅达到3.1%。推进苜蓿种植，落实种植面积3.6万亩。开展饲料企业"三查"和"双清零"，严格做好饲料行业管理。加强饲料企业服务，审核办理饲料和饲料添加剂生产企业自由销售证明63份、委托生产备案9份。省级全年抽检饲料450批次，合格率为97.5%。

三是强化屠宰管理。开展生猪屠宰标准化建设提升年行动，逐步淘汰落后生猪屠宰设备和落后产能，全面提升生猪屠宰标准化建设水平；畜禽定点屠宰企业实施"双清零"，助力畜牧业高质量发展；强化牛羊屠宰管理，严厉打击给畜禽、畜禽产品注水或者注入其他物质等违法犯罪行为；开展风险监测，制订屠宰环节质量安全风险监测计划，明确任务要求，强化风险预警。开展水分含量监测419批，合格率为98.1%；违法添加物监测381批，合格率为100%。

（三）夯实发展根基，保障畜产品质量安全

一是扎紧防线，深入开展专项整治。坚持集中整治与日常监管相结合、专项排查和全面排查相结合。聚焦禁限用药物以及常规兽药残留超标问题，开展"治违禁 控药残 促提升"三年行动，采取"一个问题品种、一张整治清单、一套攻坚方案、一批管控措施"的"四个一"精准治理模式进行治理。围绕肉牛、肉羊、生猪在养殖、收购贩运和屠宰三个环节违法使用"瘦肉精"行为，开展专项整治百日行动，以"三严查、两强化、一探索"为抓手，对违法使用"瘦肉精"行为精准施策、重点打击。开展打击畜禽屠宰违法行为专项行动和屠宰专项整治，进一步强化牛羊屠宰管理，严厉打击畜禽、畜禽产品打药、注水或者注入其他物质等违法犯罪行为。

二是突破瓶颈，推动畜禽种业创新发展。健全完善禽良种繁育体系，培育育繁推一体、产学研结合的畜禽种业企业，提升种源自给率、竞争力。全力推动畜禽资源普查，新发现的燕山绒山羊畜禽遗传资源通过现场核验；制定省级畜禽遗传资源保种场保护区和基因库现场评审标准，发现和保护河北省珍稀畜禽遗传资源。推动良种培育选育，启动深县猪和北京黑猪新品种培育，推进"容德小黑鸡""大午小金""农金1号"等新培育品种的中间试验；提升8家国家核心育种场、1家种公牛站和奶牛DHI中心生产性能测定能力，强化6家省级原种场畜禽育种创新。升级改造育种场保种场，2家市级一级种猪扩繁场升级为省级原种场，3家种畜禽业企业通过国家核心育种场材料审核，完成深县猪、渤海驴和太行鸡等地方畜禽保种场升级改造，全省畜禽遗传资源保护能力明显提升。

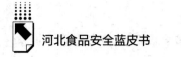

三是健全机制，形成畜牧业监管合力。修订《河北省兽药经营质量管理规范实施细则》及评定标准，进一步规范兽药经营质量管理。会同省市场局、卫健委、公安厅、财政厅、石家庄海关等6厅局制定《关于进一步健全"瘦肉精"监管长效机制的通知》，理顺部门间"瘦肉精"监管职责，强化"瘦肉精"监管。与市场监管部门联合印发《关于落实食用农产品重点品种产地准出市场准入制度的通知》，以风险高、产销量大的鸡蛋等3种产品为试点品种，开展全链条追溯管理，创新部门间协作管理模式。推进《河北省畜禽屠宰管理条例》立法进程，将《河北省畜禽屠宰管理条例》列入2022年省政府一类立法规划项目。

三　形势分析

（一）监测合格率继续保持较高水平

2021年，省级开展畜禽产品监测11388批，参数涉及 β-受体激动剂、磺胺类、氟喹诺酮类、四环素类、酰胺醇类、金刚烷胺等7大类兽药残留和65种违禁添加物质；抽样范围包括猪肉（肝）、牛肉（肝）、羊肉（肝）、鸡蛋、鸡肉、鸭肉、生鲜乳7类畜禽产品，共检出不合格样品29个，合格率为99.7%。从抽样环节看，生产环节抽样11222个，占比98.5%；市场环节抽样166个，占比1.5%。29个不合格样品中，生产环节27个，占比93.1%；市场环节2个，占比6.9%。从监测品种看，检出的不合格样品共29个，其中，鸡蛋15个，占比51.7%；猪肉13个，占比44.8%，牛肉1批次，占 3.4%。从监测参数看，超标样品中常规用药超标 13 个，占超标项次的 44.8%；禁限用药物超标 16 个，占超标项次的 55.2%。从总体趋势看，近三年畜禽产品抽样合格率分别为 99.5%、99.7% 和 99.7%，畜禽产品抽检合格率继续保持较高水平。

（二）风险隐患依然存在

虽然近年来畜产品抽检合格率保持了较高水平，但猪肉中磺胺类、四环素类，蛋鸡中氧氟沙星、环丙沙星、金刚烷胺，牛羊肉中"瘦肉精"等仍有检出，违规使用禁限用药物以及常规农兽药残留超标等问题造成的风险隐患依然存在，需要继续引起重视。风险监测、监督抽查针对性不强、频次不够多、检测参数不够优化合理，飞行检查和暗查暗访手段运用不够有力等短板需要继续补齐，发现问题的能力需要进一步提升。

（三）产业发展空间日趋紧张

土地供应越来越紧，随着城镇化发展、交通网络的扩展以及张家口"两区"定位等，寻找养殖项目的合适地块越来越困难。环境约束越来越严，养殖行业的污染治理、达标排放需要投入大量资金配套粪污处理设施建设，但进入养殖行业门槛不断提高，社会资本难以进入。人员资金不足凸显，机构改革调整后，部分地区存在兽药、屠宰等环节的管理人员数量不足、专业知识不强的现象，难以适应日益繁重的工作任务。兽药、屠宰风险监测经费尚未纳入财政预算，兽用抗菌药使用减量化行动试点建设无资金和政策支持等情况。

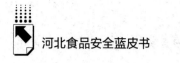

四　对策建议

（一）推进畜牧业高质量发展

大力推进振兴奶业，瞄准"五个"世界一流，深入实施奶牛种业提升工程，扎实推进国家环京津奶业集群和省奶业振兴项目建设，持续提升生鲜乳产量和乳制品加工能力。稳定生猪生产，推进生猪养殖向环境承载空间大的地区转移，建设优势聚集区；完善跨周期调节机制，保障生猪产业健康持续发展。加快牛羊养殖和蛋鸡产业集群建设，优化畜禽养殖结构，提升养殖效益。持续开展畜禽粪污资源化利用整县推进，实施粪污处理装备提档升级行动，实现农牧结合、种养循环，畜牧业绿色可持续发展。

（二）抢占畜禽种业高地

完善良繁体系建设，加大畜禽遗传资源的普查和保护力度，组织联合攻关，选育优良种畜禽、培育畜禽新品种（配套系），加快抢占畜禽种业科技高地。新挖掘发现1个地方畜禽遗传资源品种，新培育2~3家国家核心育种场，建设奶牛种业示范园区，集中力量打造1家集育繁推于一体的种业集团，落实中央生猪良种补贴政策，加大种畜禽、种公畜站精液质量抽检力度，规范市场经营行为，强化种畜禽场全覆盖监管，为全省畜禽群体改良、畜牧业提质增效提供有力的种业支撑。

（三）强化各环节监管

全力推进兽用抗菌药减量化试点建设，持续推进新版兽药GMP实施，尽快完成升级改造，加强兽药产品质量监管。全面推广无抗饲料，强化"瘦肉精"监管。继续实施"粮改饲"整市整县推进，积极开展青贮饲料加工技术培训、宣传，组织开展青贮饲料质量评鉴活动，促进全省青贮饲料质量全面提升。持续开展生猪屠宰标准化提升行动，创建国家生猪屠宰标准化示范厂1~2家，年屠宰5万头生猪定点屠宰企业敞式烫毛设备淘汰率达到60%以上。推进《河北省畜禽屠宰条例》立法进程。

（四）针对性开展专项整治

健全完善以"风险隐患排查处置、违法违规案件查处"为核心的"治违禁 控药残 促提升"三年行动整治机制，加快解决生猪、肉牛、肉羊、蛋鸡等品种禁用药物使用、非法添加、常规药物残留超标等问题。规范兽药生产经营使用，生产环节严查隐性成分添加，经营环节严查兽用处方药管理和兽药二维码追溯制度，使用环节严查养殖户超剂量超范围使用兽药行为。对猪牛羊和蛋鸡集中养殖区加大拉网式排查、飞行检查和暗查暗访力度，压实企业主体责任和部门监管责任，明确不合格样品后续处置程序，畅通检验检测、案件查处横向纵向信息沟通渠道。

（五）抓好试点品种全链条追溯

按照"上溯一级、下追一级"的思路，把住产地和市场两个

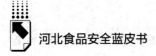

关键环节，实现鸡蛋上市交易过程中产品信息全程可追溯。会同省市场监管局组织开展落实准出准入机制督导检查，进一步压实农产品生产者、市场销售者主体责任和部门监管责任，实现食用农产品"从农田到餐桌"全程质量安全可追溯。

B.4

2021年度河北省水产品质量安全状况及对策研究

卢江河　张春旺　滑建坤　赵小月　孙慧莹*

摘　要： 2021年，河北省农业农村厅立足渔业发展实际，紧紧围绕“规划引领、打造集群、绿色推动、融合发展”的目标任务，统筹谋划，综合施策，深入推进渔业产业转型升级；突出重点，坚持问题导向，持续加强水产品质量安全监管，全年水产品质量安全形势持续稳定向好，未发生重大水产品质量安全事件。

关键词： 渔业资源　水产品质量安全　河北

2021年，河北省农业农村厅认真贯彻落实农业农村部，省委、省政府决策部署以及全国水产品质量安全监管工作会议精神，紧紧围绕“规划引领、打造集群、绿色推动、融合发展”的目标任务，统筹谋划，综合施策，深入推进渔业产业转型升级；突出重点，坚

---

* 卢江河，河北省农业农村厅渔业处工作人员，从事水产品质量安全监管、水产健康养殖等工作；张春旺、滑建坤、赵小月、孙慧莹，河北省农产品质量安全监管局工作人员，主要从事农产品质量安全监管工作。

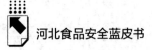

持问题导向，持续加强水产品质量安全监管，全年水产品质量安全形势持续稳定向好，未发生重大水产品质量安全事件，全省渔业高质量发展态势进一步巩固。

一　渔业产业发展概况

2021年，全省水产品产量103.1万吨（不含远洋），同比增长8.2%；渔业经济总产值366亿元，同比增长20.9%；渔民人均纯收入21535.7元，同比增长10.2%。全省休闲渔业呈现蓬勃发展的强劲势头，经营总产值超过7亿元，同比增长7%以上。

（一）认真谋划全局，渔业可持续发展态势持续向好

在完善发展规划及相关制度方面。2021年，以省政府名义发布《河北省养殖水域滩涂规划（2021—2035年）》，至此，河北省省、市、县三级养殖水域滩涂规划任务全部完成，划定养殖面积560万亩，为河北渔业高质量发展奠定了空间基础。修订发布《河北省人工鱼礁建设管理规定》，进一步加强和规范人工鱼礁建设管理，保护和改善海洋生态环境，增殖渔业资源，促进渔业经济可持续发展。启动《河北省现代化海洋牧场建设规划（2021—2025年）》，已完成初稿，正在修改完善。在制定专项工作方案方面，印发《2021年渔业补助资金中央一般性转移支付项目（渔业生产发展）实施方案》，配套出台相关项目实施方案。印发《关于持续深化"四个农业"促进农业高质量发展行动方案》《河北省农业农村厅关于加强涉渔工程渔业资源补偿管理工作的通知》等文件，

对各项重点工作进行安排部署，有力推动渔业快速发展。研究制定《关于落实渔业发展支持政策推动河北渔业高质量发展实施方案》，为财政支持渔业发展提供政策依据。

（二）狠抓产业集群，特色水产养殖水平进一步提高

一是严格水域滩涂养殖确权登记。依法颁发水域滩涂养殖证，保护水产养殖生产者的合法权益，截至年底，全省水域滩涂养殖证核发 3736 本，其中海水水域滩涂养殖证核发 2932 本，淡水水域滩涂养殖证核发 804 本，核发率达到 75% 以上，依法确权水域滩涂面积 10.64 万公顷。二是积极推进特色水产集群发展。特色水产集群进一步聚集发展，十大绿色养殖示范园区产值占全省总产值的 10%，特色水产品产量达到 50 万吨，占总产量的 48.5%。新打造养殖区 2.5 万亩，示范推广新品种、新模式 10 万亩；"昌黎扇贝"获得国家农产品地理标志保护登记证书，"唐山河鲀"实施国家地理标志农产品保护工程，入选河北省第五届农产品区域公用品牌。三是进一步夯实水产种业发展基础。研究制定《河北省水产养殖种质资源普查实施方案（2021—2023 年）》，建立普查机制和工作专班，培训水产工作人员 836 名，摸底调查水产养殖场（户）4825 家，河北省水产养殖种质资源基本情况普查已全部完成。新批准建设南美白对虾、海参、河鲀、单环刺螠等省级原良种场 4 家。与中国水科院黄海所联合选育的半滑舌鳎"鳎优 1 号"新品种通过全国水产原种和良种审定委员会审定。

（三）加快产业融合，渔业综合效益进一步提升

一是休闲渔业取得长足发展。按照"一带三区"的休闲渔业

优势布局，不断完善扶持政策和管理举措，休闲渔业呈现蓬勃发展的强劲势头，全省休闲渔业经营主体 900 多家，累计创建省级休闲渔业示范基地 111 家。克服新冠肺炎疫情带来的不利影响，全省休闲渔业经营总产值超过 7 亿元，同比增长 7% 以上，年接待游客近 400 万人次，促进了渔业提质增效和渔民增收，全省休闲渔业统计工作受到农业农村部通报表彰。二是水产品加工流通及品牌建设进一步发展。加强水产品精深加工与鲜活流通体系建设，全省现有水产加工企业 200 余家，年加工能力 30 万吨，2021 年全省水产品加工总量 10 万吨。同时，注重品牌培育与营销管理，培树唐山河鲀、黄骅梭子蟹等区域公用品牌，建成河鲀特色小镇，进一步扩大了优势特色产品知名度和影响力。三是大水面生态渔业加快发展。努力解决内陆湖库渔业发展空间受制约问题，采用"人放天养"等健康养殖模式，推进大水面渔业向绿色生态方向发展。全省建设大水面生态渔业示范基地 7 个，推广湖库生态增养殖面积 2 万亩，通过净水渔业改善水域生态环境，举办"横山岭捕鱼节"等渔业节庆活动，使生态、生产、生活相得益彰。

（四）强化资源养护，渔业水域生态环境进一步改善

一是加大增殖放流工作力度。2021 年在近海海域和内陆湖库持续开展水生生物增殖放流工作，放流中国对虾、褐牙鲆等 10 个品种 30 亿单位以上。6 月 6 日在官厅水库组织开展国家"放鱼日"同步增殖放流活动，进一步提高了公众生态保护意识。二是加快海洋牧场建设。年投放人工鱼礁 42 万空方，累计创建国家级海洋牧场示范区 17 家。经过多年建设，人工鱼礁区水域生态环境和海洋

生物群落构成均有改善，生物种类数量为非礁区的 2 倍以上，生物量为非礁区的 3 倍以上。三是积极推进国家级水产种质资源保护区建设。加强 20 处国家级水产种质资源保护区建设和管理，20 多个重要水产品种得到有效保护。四是加大白洋淀水生生物养护力度。在重点淀泊放流净水水生生物和重点保护物种苗种 6707 万单位。利用无人机监控、水陆巡查等方式对白洋淀国家级水产种质资源保护区巡护检查 120 次以上。开展白洋淀水生生物调查监测 6 次，调查数据显示，淀区游泳动物由 2020 年的 40 种增加至 2021 年的 46 种，生物多样性显著提高，外来水生物种分布范围和种群数量进一步缩减。

二 水产品质量安全监测情况

结合全省水产养殖业发展现状，聚焦各类水产品质量安全风险隐患，坚持问题导向和"双随机、一公开"原则，积极开展水产品兽药残留监控工作，圆满完成了 2021 年国家和省级水产品质量安全监测任务。

（一）国家产地水产品兽药残留监控

产地水产品兽药残留监测。全年共检测 60 批次，抽样环节全部为产地，抽检地区涵盖全省 11 个市，检测品种包括草鱼、鲤鱼、鲫鱼、对虾、罗非鱼、海参和大菱鲆 7 类，检测参数为氯霉素、硝基呋喃类、孔雀石绿等禁用兽药及其他化合物、停用兽药、重点限用兽药和农药等，其中 1 个鲤鱼样品检出有色孔雀石绿超标，监测合格率为 98.3%。对抽检产品不合格单位，当地渔政执法部门依法

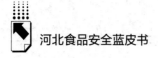
进行了查处。

水产养殖用投入品检测。全年共抽检 16 批次，抽样品种主要包括促生长、杀虫、除杂和环境改良剂等，抽样地点以产地水产品兽药残留检测的水产养殖场为主，与产地水产品抽检同步实施随机抽取，主要检测是否含有国家规定的部分禁限用药物，检测结果为全部合格。

（二）国家农产品质量安全例行监测（风险监测）

全年共监测 96 批次，抽样环节全部为市场，监测地区包括石家庄、秦皇岛、沧州、邯郸 4 市，检测品种包括草鱼、鲤鱼、鲫鱼、鲢鱼、鳙鱼、乌鳢、鳊鱼、鳜鱼、鲶鱼、对虾、罗非鱼、大黄鱼、鲆类、加州鲈鱼 14 类，检测参数包括孔雀石绿、氯霉素、硝基呋喃类代谢物、酰胺醇类（含甲砜霉素、氟苯尼考、氟苯尼考胺）、磺胺类、氟喹诺酮类（含常规药物恩诺沙星、环丙沙星和停用药物洛美沙星、培氟沙星、诺氟沙星、氧氟沙星）。共检出 2 个不合格样品，检测合格率为 97.9%，不合格品种为鳜鱼、加州鲈鱼。

（三）国家海水贝类产品卫生监测

全年共检测 30 批次，监测地区为秦皇岛市（北戴河新区海域、昌黎海域）和唐山市（乐亭海域、丰南海域），检测品种包括扇贝、菲律宾蛤仔、毛蚶、牡蛎、缢蛏、四角蛤蜊、文蛤、青蛤、黄蚬子 9 类，检测参数为大肠杆菌、细菌总数、铅、镉、多氯联苯、腹泻性贝类毒素（DSP）和麻痹性贝类毒素（PSP）等，检测合格率为 100%。

（四）省级水产品质量安全监测

1.总体情况

全年对各设区市（含定州市、辛集市）及雄安新区的1446个样品31项参数进行了定量检测，抽检任务来源包括省检中心619个（其中监督抽查100个、例行监测400个、海参专项整治76个、飞行检查43个），省级委托第三方306个，省级下达521个（其中监督抽查292个、风险监测229个）。共检出44个样品不合格，抽检总体合格率为96.96%。

2.监测结果分析

从地区看，石家庄、保定、廊坊、辛集4个市及雄安新区抽检合格率为100%，占比35.7%。44个不合格样品，分别为唐山16个、秦皇岛4个、张家口10个、承德1个、沧州7个、衡水3个、邯郸1个、邢台1个、定州1个。

从检测品种看，不合格品种分别为草鱼（3个）、鲤鱼（7个）、鲈鱼（1个）、罗非鱼（5个）、大菱鲆（15个）、鲟鱼（5个）、虹鳟（3个）、哲罗鲑（2个）、鲫鱼（1个）、斑点叉尾鮰（1个）、鲢鱼（1个）。

从检测参数看，31项参数中有7项参数存在超标问题，占比22.6%。包括禁用药物孔雀石绿5个样品、呋喃唑酮代谢物（AOZ）6个样品、呋喃西林代谢物（SEM）5个样品，停用药物氧氟沙星14个样品，常规药物磺胺类［磺胺甲噁唑（SMZ）］5个样品，常规药物恩诺沙星和环丙沙星总量9个样品。

从抽样环节看，产地水产品合格率与市场水产品合格率基本持

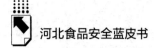
平。产地水产品抽样 1290 个，39 个不合格，合格率 97.0%；市场水产品抽样 156 个，5 个样品不合格，合格率 96.8%，二者相差 0.2 个百分点。

从监测性质看，监督抽查合格率高于风险监测合格率。监督抽查样品 417 个，7 个不合格，合格率 98.3%；风险监测样品 1029 个，37 个不合格，合格率 96.4%。两者相差 1.9 个百分点，主要是监测参数不同和抽样场点选择不同所致。

3. 监测结论

（1）氯霉素、甲砜霉素、氟苯尼考、呋喃它酮代谢物、呋喃妥因代谢物、诺氟沙星、培氟沙星、洛美沙星、氟罗沙星、喹乙醇、甲基睾酮、己烯雌酚 12 项药物抽检合格率 100%。

（2）孔雀石绿和呋喃唑酮、呋喃西林类药物虽禁用多年仍有检出，氧氟沙星已经停用多年仍有检出，应进一步加大禁限（停）用药物的宣传和执法打击力度。

（3）常规药物磺胺类、恩诺沙星、环丙沙星超标属于未落实休药期问题，应加强生产过程管控，督促生产者严格执行休药期制度。

（4）海参产品中扑草净、甲氰菊酯 2 项指标因缺乏相关国家标准，不作判定结论。

三　工作举措

2021 年，坚持以解决水产品质量安全突出问题为引导，认真贯彻落实"四个最严"要求，推进标准化生产和专项整治有机融合，加大监管执法力度，保障水产品质量安全和渔业产业健康快速发展。

（一）突出标准引领，推进标准化生产

申报省级渔业地方标准计划 11 项，汇编印发 2009～2013 年省级渔业地方标准 51 项。印发《2021 年河北省水产养殖标准化生产推进方案》，从水产苗种质量管控、水产健康养殖和生态养殖示范创建、水产品质量安全监管以及宣传培训等方面合力推进水产养殖标准化生产，创建了 1 个国家级水产健康养殖和生态养殖示范区。

（二）坚持问题导向，持续加强专项整治

结合水产品质量安全存在的薄弱环节和问题，相继开展了海参养殖中违法使用扑草净和甲氰菊酯、"中国渔政亮剑 2021"、水产养殖用兽药饲料和饲料添加剂违法行为专项整治等治理行动。加强法律法规政策宣传，组织科学用药技术培训指导，强化执法检查和监督抽查，严厉查处违法违规购买和使用禁用药品及其他化合物、停用兽药、假劣兽药、人用药、原料药、农药和未赋兽药二维码的兽药以及禁用、无产品标签等信息的饲料和饲料添加剂行为，严厉打击以所谓"非药品""动保产品""水质改良剂""底质改良剂""微生态制剂"等名义，生产经营和使用假兽药、逃避兽药监管等违法行为。全年共出动农业综合执法和渔政执法人员 4500 多人次，累计检查水产养殖场 1100 多家次，水产养殖投入品生产、经营主体 1083 家次，印发宣传普法等材料 1 万多份，举办培训班 120 多次。

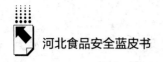

（三）保持高压态势，严格执法办案

对水产品质量安全违法行为保持"零容忍"态度，全年共查办违法违规生产、经营水产养殖用投入品案件 7 起，其中移交公安部门 1 起、行政处罚 6 起，罚款 0.974 万元。发现养殖水产品违法用药问题 10 起，其中移交公安部门 6 起、行政处罚 4 起，罚款 3.95 万元。全省对水产养殖违法行为的惩治力度进一步加大，有力震慑了水产品质量安全违法犯罪行为。

四 对策建议

（一）完善渔业发展政策措施

加快编制发布《河北省渔业发展"十四五"规划（2021—2025 年）》和《河北省现代化海洋牧场建设规划（2021—2025 年）》，制定 2022 年省级财政资金项目以及渔业产业发展政策调整实施方案，配套实施相关专项方案，进一步加大对渔业基础设施建设、产业龙头及品牌培育、新产业新业态发展等方面的支持力度，推动渔业绿色高质量发展。

（二）大力推进标准化生产和科技创新

围绕水产养殖全过程集成推广苗种繁育、生态健康养殖、资源养护、水域生态修复等标准化生产技术，持续推进水产健康养殖和生态养殖示范区创建、水产原良种场创建和海洋牧场建设。加强校

（院）企科技合作，推进贝类苗种规模化繁育、养殖尾水处理、水域生态修复等关键共性技术的研发示范，积极开展安全生态型水产养殖用药、绿色环保型人工全价配合饲料等涉渔投入品的研发与推广，增强科技创新能力。

（三）加强养殖水产品品牌建设

以沿海渔业为重点，兼顾内陆渔业发展，集聚科技、绿色、品牌、质量发展要素，以优势特色水产品为抓手，加强品种培优、品质提升、品牌打造和标准化生产，充分发挥品牌带动效应，持续提高经济、社会效益。

（四）持续推进专项整治

严格落实农业农村部"治违禁 控药残 促提升"三年行动和水产养殖用兽药饲料和饲料添加剂相关违法行为专项整治三年行动要求，持续深入开展行业治理行动。对风险监测中发现的违法使用孔雀石绿、硝基呋喃类、氧氟沙星等禁（停）用药物问题，跟进开展监督抽查，实施检打联动，及时严肃查处问题产品和生产单位，落实管控措施，确保水产品质量安全。

（五）加大宣传培训力度

加强水产养殖用药明白纸宣传，推行水产养殖用投入品使用白名单制度，加强水产养殖全过程指导服务，组织开展合理、安全、规范用药技术培训，严格落实恩诺沙星、环丙沙星、磺胺类等常规兽药休药期制度，加强安全生态型药物使用指导。

B.5

2021年河北省食用林产品质量安全状况分析及对策研究

杜艳敏　王　琳　刘　新　孙福江　曹彦卫　宋　军*

摘　要： 2021年，河北省林业和草原局按照省委、省政府决策部署，严格落实食用林产品质量安全行业监管职责，树牢食品安全意识，统筹抓好疫情防控和经济林生产工作，实现了食用林产品产量平稳增长，果品质量显著提高，食用林产品安全性不断提升，全年没有发生食用林产品质量安全事件。本文系统回顾了2021年全省经济林产业发展、食用林产品质量安全监测基本情况，总结了食用林产品质量安全监管举措，分析了目前食用林产品质量安全方面存在的问题及原因，提出了今后工作的对策建议。

* 杜艳敏，河北省林业和草原局政策法规与林业改革发展处二级调研员，主要从事经济林生产监管工作；王琳，河北省林业和草原局政策法规与林业改革发展处三级主任科员，主要从事经济林生产监管工作；刘新，河北省林业和草原局科学技术处三级调研员，主要从事林业和草原科技推广示范、科学普及、标准化等工作；孙福江，河北省林草花卉质量检验检测中心副主任，推广研究员，研究方向为林产品监测和研究；曹彦卫，河北省林草花卉质量检验检测中心高级质量工程师，中国农业科学院食品安全方向农业推广硕士，主要研究方向为经济林产品质量安全检测技术与研究；宋军，河北省林草花卉质量检验检测中心高级质量工程师，主要研究方向为经济林产品质量安全检测技术与研究。

关键词： 食用林产品　质量安全　风险监测

2021年，河北省林业和草原局认真贯彻落实省委、省政府决策部署，围绕实现经济林产业高质量发展的目标任务，进一步深化林业供给侧结构性改革，积极优化调整产业布局，抓好基地项目建设，加大食用林产品质量安全监测力度，全省食用林产品产量稳步提高、质量水平明显提升，确保了人民群众"舌尖上的安全"，全年未发生食用林产品质量安全事件，经济林产业高质量发展取得成效。

一　干果生产基本情况及产业概况

2021年，河北省认真贯彻落实《关于促进经济林产业高质量发展的意见》《河北省关于科学利用林地资源促进木本粮油和林下经济高质量发展的实施意见》，按照适地适树、突出特色、规模发展的原则，引导各地积极发展核桃、板栗、枣、仁用杏等传统规模优势产业，鼓励有条件的地区发展花椒、榛子、沙棘等新兴特色高效产业，形成太行山核桃、燕山京东板栗、黑龙港流域红枣、冀西北仁用杏等特色产业带，林果产品供给能力进一步增强，产品质量不断提高，农民收益持续增多。截至2021年，全省经济林种植面积2363万亩，产量1038万吨，其中干果经济林种植面积1097万亩，产量103万吨；新增国家级林下经济示范基地3家，国家林业产业示范园区2家。

板栗种植面积410万亩，产量37万吨。主要分布在太行山——

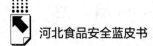

燕山地区的内丘、迁西、遵化、宽城、兴隆等地。"神栗""栗源"等品牌板栗长期出口日本以及泰国、马来西亚、新加坡等东南亚市场，板栗的常年出口量占全国的80%以上。

核桃种植面积227万亩，产量16万吨。优势产区主要集中分布在太行山和燕山山区，核桃年产量在1000吨以上的县（市、区）有27个，占全省总产量的90%以上。河北省核桃种质资源丰富，先后有涞源县、涉县、平山县、临城县和赞皇县5个县被原国家林业局命名为"中国核桃之乡"，"绿岭""六个核桃""露露"等商标被认定为中国驰名商标。

红枣种植面积164万亩，产量33万吨。主产区集中在太行山低山丘陵区和冀东黑龙港流域两大区域，"黄骅冬枣""沧县金丝小枣""赞皇大枣""阜平大枣"等产品先后通过国家原产地域产品保护注册，枣加工产品600余种。全省共有100多万户350多万人从事枣生产，有大批人口从事枣加工、包装、运输、销售和服务。

仁用杏（含山杏）种植面积528万亩，产量约4.6万吨。仁用杏是我国重要的经济林树种和木本粮油资源。河北省仁用杏优势产区主要分布在涿鹿县、蔚县、丰宁县、平泉市、涞水县、易县等地。其中，蔚县是"中国仁用杏之乡"和"中国优质仁用杏基地重点县"，涿鹿县建成全省首个仁用杏国家级生态原产地产品保护及示范区，优质产品供应基地初步建成。

二　河北省食用林产品质量安全监管举措及成效

2021年，河北省林业和草原局认真贯彻落实地方党政领导干部食品安全责任制，统筹疫情防控和经济林生产两不误，强化行业监管职责，积极推广标准化生产，加大林产品抽检力度，健全食用林产品质量安全风险防控机制，确保食用林产品质量安全。全年没有发生食用林产品质量安全事件。

（一）加强组织领导，落实行业监管职责

认真贯彻落实《地方党政领导干部食品安全责任制规定》的要求，严格履行食用林产品质量安全行业管理主体责任，督促各地做好食用林产品生产技术服务和质量监管。部署开展暑期食用林产品质量安全保障工作，印发了《关于开展2021年暑期食品安全风险隐患大排查大整治行动的通知》，督促秦皇岛、唐山、廊坊三市林草主管部门树牢责任意识，坚持问题导向，对果品主产县、重点果品生产基地开展隐患检查，重点监控农药化肥等农业投入品使用情况。加大对供奥干果备选供应基地督导力度，压实企业主体责任，开展专项监测工作，确保不发生食品安全事件。

（二）强化生产管理，建设高标准生产基地

加大食品安全宣传力度，引导生产者提高质量安全意识，推广品种化、标准化、规模化生产和高标准示范园区建设。推广开展酸枣、核桃等林果标准化示范区建设项目3个，新建"早实核桃绿色省力化栽培标准化示范区"等国家级标准化示范区2个、"优质枣栽培技术标准化示范区"省级标准化示范区1个。结合现代林果花卉产业基地建设项目，在平山、丰宁、迁西、邢台市信都区、涉县等地区新建或改建高标准经济林基地6000余亩，通过推广良种栽

培、高接换优、改善基地基础设施建设、加强土肥水管理，实施绿色无公害病虫防控等措施，提高基地建设水平，提升果品产出效益，提高果品质量安全水平。充分利用经济林产业技术支撑体系专家团队作用，采取远程培训、线上交流、现场指导编写发放技术手册明白纸等多种形式，示范推广标准化生产技术，指导建设高标准示范园56个，示范推广面积2万余亩，举办各类技术培训班230余场次，培训林果农和基层技术骨干2.2万余人次，示范园标准化管理水平进一步提高，病虫害发生率明显降低，果品质量、经济效益明显提高，取得良好的示范效果。

（三）开展食品安全例行监测，强化食用林产品产地监管

根据全省食用林产品质量安全风险监测工作安排，制定了2021年河北省食用林产品质量安全风险监测方案，对全省11个设区市食用林产品生产基地开展抽样监测，并明确监测要求、重点品种、重要区域和时段。监测项目包括杀虫剂、杀菌剂、杀螨剂、除草剂及生长调节剂等200种农药及其代谢产物。监测时间以河北省主产食用林产品集中成熟期（5~12月）为主，监测产品涉及桑葚、杏、核桃、枣、板栗、樱桃、花椒、榛子、食用杏仁、枸杞、茶叶、金银花、山楂、文冠果14类河北省主产食用林产品。2021年全省食用林产品质量风险监测全年共抽检样品1070批次，合格1069批次，合格率为99.91%，整体合格率较高。按照国家林草局部署，完成河北省食用林产品及其产地土壤质量监测各75批次。

（四）完善质量安全标准，强化食品安全技术保障

围绕河北省特色优势干果产业，对标世界一流标准，向省市场

监督管理局提出的《山区核桃轻简化栽培技术规程》《金莲花采收及产地加工贮藏技术规程》《金莲花容器育苗技术规程》3 项标准获得立项，对已完成标准制修订任务的《自然农法板栗病虫害防控技术规程》《板栗大树改接技术规程》《花椒芽菜生产技术规程》3 项标准进行了审定报批。及时更新完善了"河北省林业和草原标准体系"模型，挂接经济林和林特资源等相关标准 285 项，为进一步提高食用林产品质量安全提供技术支撑。

三　食用林产品质量安全状况及分析

2021 年，河北省林业和草原局认真落实省委、省政府关于食品安全的决策部署，严防、严控、严管食用林产品质量安全风险，切实加强对食用林产品生产基地的监督管理，强化源头治理，引导生产经营者依法规范科学使用农药化肥，进一步建立健全全省食用林产品质量安全监测机制，确保了全省食用林产品质量安全。全省食用林产品例行监测总体合格率达 99.91%。总体来看，全省食用林产品质量安全形势呈平稳态势，全年未发生食品安全事件。

（一）食用林产品质量检验检测总体情况

按照《2021 年全省食用林产品质量安全风险监测方案》要求，结合河北省食用林产品生产实际，在林产品集中成熟期（5～12月），河北省林草花卉质量检验检测中心对桑葚、杏、核桃、枣、板栗、樱桃、花椒、榛子、食用杏仁、枸杞、茶叶、金银花、山楂、文冠果 14 类河北省主产食用林产品开展了风险监测。监测抽样范围涵盖全省 11 个设区市的食用林产品生产基地，监测参数包括杀虫剂、杀菌剂、杀螨剂、除草剂及生长调节剂等 200 种农药及其代谢产物。2021 年全省食用林产品质量风险监测全年共抽检样品 1070 批次，合格 1069 批次，合格率为 99.91%，比 2020 年提高 1 个百分比，合格率持续保持在 98% 以上。

（二）监测结果分析

2021 年监测的 1070 批次样品中，合格样品 1069 批次，合格率 99.91%。其中核桃样品 319 批次，合格率 100%；板栗样品 260 批次，合格率 100%；枣样品 122 批次，合格率 100%；食用杏仁样品 92 批次，合格率 100%；杏样品 72 批次，合格率 100%；榛子样品 53 批次，合格率 100%；花椒样品 52 批次，合格率 98.08%；桑葚样品 22 批次，合格率 100%；金银花、樱桃、山楂样品各 20 批次，合格率均为 100%；茶叶 8 批次，合格率 100%；枸杞、文冠果样品各 5 个批次，合格率均为 100%（见表 1）。

表 1　2021 年食用林产品质量安全风险监测结果一览

单位：批次，%

序号	产品名称	抽样情况		检测情况			检出农药残留情况	
		抽检批次	抽样占比	合格批次	不合格批次	合格率	检出农药残留批次	农残检出率
1	核桃	319	29.81	319	0	100.00	7	2.19
2	板栗	260	24.30	260	0	100.00	3	1.15
3	枣	122	11.40	122	0	100.00	111	90.98
4	食用杏仁	92	8.60	92	0	100.00	7	7.61
5	杏	72	6.73	72	0	100.00	65	90.28
6	榛子	53	4.95	53	0	100.00	2	3.77
7	花椒	52	4.86	51	1	98.08	25	48.08

序号	产品名称	抽样情况		检测情况			检出农药残留情况	
		抽检批次	抽样占比	合格批次	不合格批次	合格率	检出农药残留批次	农残检出率
8	桑葚	22	2.06	22	0	100.00	10	45.45
9	金银花	20	1.87	20	0	100.00	20	100.00
10	樱桃	20	1.87	20	0	100.00	10	50.00
11	山楂	20	1.87	20	0	100.00	19	95.00
12	茶叶	8	0.75	8	0	100.00	0	0.00
13	枸杞	5	0.47	5	0	100.00	5	100.00
14	文冠果	5	0.47	5	0	100.00	1	20.00
总计		1070	100	1069	1	99.91	285	26.64

从监测范围上看，2021年抽样检测的1070批次样品，涵盖河北省11个设区市的食用林产品生产基地。其中石家庄140批次、张家口90批次、承德185批次、秦皇岛110批次、唐山135批次、廊坊10批次、保定62批次、沧州80批次、衡水20批次、邢台148批次、邯郸90批次，分别占比13.08%、8.41%、17.29%、10.28%、12.62%、0.93%、5.79%、7.48%、1.87%、13.83%、8.41%。

从监测品种看，本次抽检的样品以核桃、板栗、枣、食用杏仁等河北省主栽经济林产品为主。核桃、板栗、枣、食用杏仁、榛子、杏、桑葚、樱桃、花椒、枸杞、茶叶、金银花、山楂、文冠果14类食用林产品抽样占比分别是29.81%、24.30%、11.40%、8.60%、4.95%、6.73%、2.06%、1.87%、4.86%、0.47%、0.75%、1.87%、1.87%、0.47%。

从监测指标看，本次抽样检测共包括200种农药残留指标，除氯氰菊酯农药在花椒上残留超标外，其他所监测农药残留指标均合格。1070 批次样品中共检出 33 种农药残留，包括氯氰菊酯、戊唑醇、戊菌唑、腈菌唑、丙环唑、苯醚甲环唑、特丁津、氯氟氰菊酯、联苯菊酯、肟菌酯、溴氰菊酯、异菌脲、乙螨唑、毒死蜱、二甲戊灵、甲氰菊酯、哒螨灵、氰戊菊酯、三唑磷、扑灭津、增效醚、多效唑、胺菊酯、氯菊酯、异丙甲草胺、吡丙醚、啶酰菌胺、氟虫腈、醚菌酯、乙嘧酚磺酸酯、氟环唑、氟氰戊菊酯、氟胺氰菊酯，均在规定范围内。

从检出农药残留看，在抽检的 1070 批次样品中，共检出农药残留样品 285 批次（含 1 批次花椒样品检出农药残留超标），总体农药残留检出率为 26.64%。其中农药检出率 100% 的样品品种有金银花、枸杞；农药检出率较高的样品品种有枣、杏和山楂，农残检出率分别为 90.98%、90.28% 和 95.00%。其余各品种样品农残检出率分别是：樱桃为 50%，花椒为 48.08%，桑葚为 45.45%，文冠果为 20%，食用杏仁为 7.61%，榛子为 3.77%，核桃为 2.19%，板栗为 1.15%，茶叶为 0%。

存在问题及其原因。一是金银花、枸杞、山楂、杏、枣等食用林产品病虫害防控难度较大，农药检出率较高，食品安全风险隐患较大。由于这几类林产品主要可食用部分为花和果皮，直接暴露在外面，喷洒农药后直接接触花和果皮，如果喷洒时间太晚，农药分解不彻底，造成农药残留超标或农药残留检出率较高问题。二是个别生产者食品安全意识有待提高，在生产过程中，仍以使用化肥、农药等为主要肥料和病虫害防治方式，绿色无公害综合防治病虫害方式推广力度仍有待进一步加大。三是各地林草主管部门监管和培训指导力度不够，纳入河北省林业果品质量安全监管追溯体系平台监管范围的企业数量占比不高，食用林产品生产全过程监管有待进一步加强。

四　今后工作的对策建议

（一）健全食品安全管理机制，落实食品安全行业管理责任

认真贯彻落实地方党政领导干部食品安全责任制，严格履行食用林产品质量安全行业监管职责，督促各级林业和草原主管部门切实加强食品安全属地责任意识，明确专人负责食用林产品质量安全工作，进一步建立健全食品安全工作机制。

（二）严格把控生产管理各环节，压实生产经营者主体责任

引导食用林产品生产经营主体切实提高食品安全主体责任意识，鼓励加入全省林业果品质量安全追溯体系平台，建立生产过程档案化管理制度，做到来源可溯、去向可追、安全可控，切实提高生产主体质量控制能力。强化生产主体风险责任意识，督促各地林业和草原主管部门在暑期等重要时间节点加强对主要生产基地的风险隐患排查，及时消除各类风险隐患，并重点加强对上年检出农药残留超标和农药残留较多树种的日常监管和应急处置，严把生产安全关。

（三）加大食品安全宣传推广力度，推广标准化生产技术

积极宣传《食品安全法》《农产品质量安全法》等法律法规，加大食品安全知识宣传教育力度，切实提高林果农和社会公众食品

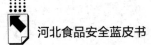

安全意识，营造全社会参与食品安全监管的良好氛围。组织经济林产业技术支撑体系各专家团队深入种植基地，开展安全生产技术宣传，通过专家讲解、现场指导、科普教育等多种形式，加大标准化生产推广力度，积极推广安全间隔期用药技术，最大限度减少农药化肥使用，提高质量安全生产管理水平。

（四）加强食品安全风险监测，打造特色优质林产品

完善食用林产品质量安全风险监测机制，把经济林产品主产县以及上年度不合格率、农残检出率较高的品种、地区作为监测重点，强化例行监测和产地环境监测，建立常态化监测机制。同时加大对暑期、林产品成熟期等重要时间节点的抽检力度，完善对不合格产品的处置措施。鼓励有条件的生产经营主体积极申请认定绿色有机产品、森林生态标志产品等，进一步提高林产品标准，推动林产品提质增效，培育林产品优质品牌，为广大消费者提供绿色、生态、放心的林产品。

B.6

2021年河北省食品安全监督抽检分析报告

刘凌云　郑俊杰　韩绍雄　柴永金　刘琼　李杨薇宇*

摘　要： 2021年，国抽、省抽、农产品专项、市抽、县抽"四级五类"任务共完成监督抽检368251批次，其中检出实物不合格样品7134批次，实物不合格发现率为1.94%。监督抽检涵盖生产、流通、餐饮三个环节，包括流通环节中网购、餐饮环节中网络订餐两个新兴业态，覆盖了34个食品大类和其他食品。加工食品主要不合格项目类别为微生物、食品添加剂、质量指标、有机污染物等。食用农产品主要不合格项目类别为禁限用农兽药残留、重金属等元素污染物。

关键词： 食品安全　监督抽检　不合格项目

按照《市场监管总局关于2021年全国食品安全抽检监测计划的通知》（国市监食检发〔2021〕11号）、《河北省市场监督管理

---

* 刘凌云、郑俊杰、韩绍雄、柴永金，河北省市场监督管理局食品安全抽检监测处，主要从事食品安全抽检监测相关工作；刘琼、李杨薇宇，河北省食品检验研究院，主要从事食品安全抽检监测数据分析等相关工作。

局关于下达 2021 年全省食品安全抽检监测计划的通知》（冀市监函〔2021〕143 号）等文件部署，以均衡抽检为前提、发现问题为导向，河北省市场监督管理局组织开展了 2021 年全省食品安全抽检监测，现将监督抽检有关情况分析报告如下。

一　总体情况

2021 年，全省市场监管系统开展的食品安全监督抽检包括"四级五类"任务：国家市场监管总局交由河北省承担的国家抽检任务〔国抽（转地方），以下简称国抽〕、省本级抽检监测任务（以下简称省抽）、食用农产品专项抽检任务（国家市场监管总局统一部署，市县两级承担，以下简称农产品专项）、市本级抽检监测任务（以下简称市抽）、县本级抽检监测任务（以下简称县抽）。

2021 年，国抽、省抽、农产品专项、市抽、县抽"四级五类"任务共完成监督抽检 368251 批次，检出实物不合格样品 7134 批次，监督抽检实物不合格发现率为 1.94%（见表 1）。

表 1　五类任务监督抽检情况

单位：批次，%

序号	任务类别	监督抽检批次	实物不合格批次	实物不合格发现率
1	国抽	8129	271	3.33
2	省抽	15878	274	1.73
3	农产品专项	49611	1922	3.87
4	市抽	62689	1257	2.01
5	县抽	231944	3410	1.47
	合计	368251	7134	1.94

二　监督抽检分类统计

（一）按食品形态、类别统计

2021年，河北省开展的监督抽检涵盖了食用农产品、加工食品、餐饮食品、餐饮具四种形态，包括34个食品大类和其他食品。

29个食品大类检出实物不合格样品。餐饮具、食用农产品、炒货食品及坚果制品、淀粉及淀粉制品、冷冻饮品、餐饮食品等食品大类实物不合格发现率较高，分别为14.82%、2.34%、1.83%、1.75%、1.51%、1.29%。特殊膳食食品、婴幼儿配方食品等5个食品大类和其他食品未检出不合格（见表2）。

表2　各类食品监督抽检情况

单位：批次，%

序号	大类	监督抽检批次	实物不合格批次	实物不合格发现率
1	餐饮具	12696	1882	14.82
2	食用农产品	174005	4065	2.34
3	炒货食品及坚果制品	4634	85	1.83
4	淀粉及淀粉制品	8661	152	1.75
5	冷冻饮品	1123	17	1.51
6	餐饮食品	10081	130	1.29
7	糕点	15403	144	0.93
8	蛋制品	840	7	0.83
9	豆制品	6476	53	0.82
10	肉制品	11905	96	0.81
11	饮料	13330	98	0.74
12	水产制品	1068	7	0.66
13	蔬菜制品	6366	37	0.58
14	粮食加工品	17233	99	0.57

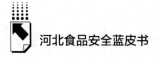

续表

序号	大类	监督抽检批次	实物不合格批次	实物不合格发现率
15	水果制品	4877	28	0.57
16	蜂产品	900	5	0.56
17	食用油、油脂及其制品	8862	43	0.49
18	酒类	8053	39	0.48
19	薯类和膨化食品	4614	21	0.46
20	饼干	4350	16	0.37
21	方便食品	5236	17	0.32
22	调味品	24732	61	0.25
23	糖果制品	4166	10	0.24
24	速冻食品	4323	10	0.23
25	罐头	3912	6	0.15
26	保健食品	1129	1	0.09
27	茶叶及相关制品	1308	1	0.08
28	食糖	2752	2	0.07
29	乳制品	4338	2	0.05
30	特殊膳食食品	264	0	0.00
31	食品添加剂	205	0	0.00
32	婴幼儿配方食品	203	0	0.00
33	可可及焙烤咖啡产品	50	0	0.00
34	特殊医学用途配方食品	30	0	0.00
35	其他食品	126	0	0.00
	合计	368251	7134	1.94

（二）按地市统计

2021 年，河北省开展的监督抽检涵盖全部 11 个设区市及 2 个省直管县和雄安新区，包括全部行政区划内的县区及部分新设立的高新区、经开区（见表 3）。

表3 各地市监督抽检实物不合格发现率情况

单位：批次，%

序号	地市	监督抽检批次	实物不合格批次	实物不合格发现率
1	衡水	21580	638	2.96
2	秦皇岛	14312	313	2.19
3	承德	18446	396	2.15
4	唐山	46768	985	2.11
5	石家庄	54364	1122	2.06
6	定州	4113	80	1.95
7	邯郸	43310	809	1.87
8	张家口	18830	349	1.85
9	廊坊	21667	399	1.84
10	保定	47077	835	1.77
11	邢台	36354	637	1.75
12	沧州	28971	463	1.60
13	辛集	2494	36	1.44
14	雄安新区	9729	69	0.71
15	网购外省	236	3	1.27
	合计	368251	7134	1.94

（三）按抽样环节统计

2021年，河北省开展的监督抽检涵盖生产、流通、餐饮三个环节，包括流通环节中网购、餐饮环节中网络订餐两个新兴业态，共计368251批次，检出实物不合格样品7134批次，总体实物不合格发现率为1.94%。其中餐饮环节除网络订餐外实物不合格发现率最高，为3.67%（见图1和图2）。

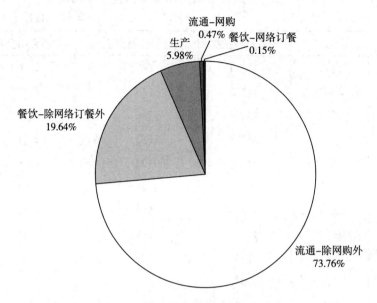

图1 各环节任务量占比情况

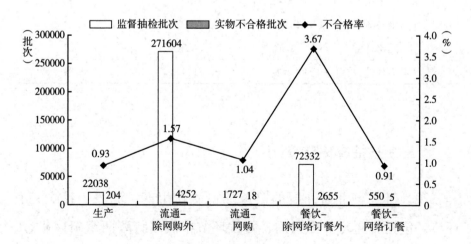

图2 各环节监督抽检情况

（四）生产环节监督抽检情况统计

2021年，河北省在食品生产环节共开展监督抽检22038批次，检出实物不合格样品204批次，实物不合格发现率为0.93%（见表4）。

表4 生产环节各地市监督抽检情况

单位：批次，%

序号	地市	监督抽检批次	实物不合格批次	实物不合格发现率
1	辛集	199	7	3.52
2	衡水	2323	53	2.28
3	邯郸	1118	19	1.70
4	沧州	1352	15	1.11
5	定州	303	3	0.99
6	唐山	3350	29	0.87
7	张家口	583	5	0.86
8	石家庄	4945	36	0.73
9	保定	2579	18	0.70
10	邢台	1430	9	0.63
11	承德	1233	6	0.49
12	廊坊	1500	3	0.20
13	秦皇岛	913	1	0.11
14	雄安新区	210	0	0.00
	合计	22038	204	0.93

（五）流通环节监督抽检情况统计

2021年，河北省在食品流通环节共开展监督抽检273331批次，检出实物不合格样品4270批次，实物不合格发现率为1.56%。流通环节分为实体经营和网络销售两种方式，实体经营任务量占比及实物不合格发现率分别为99.37%、1.57%，网络销售任务量占比及实物不合格发现率分别为 0.63%、1.04%。其中，实体经营中便民市场、农贸市场、其他场所实物不合格发现率高于 2.50%，分别为 3.52%、3.00%、2.60%（见图3）。

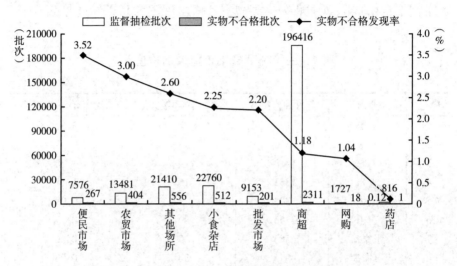

图3　流通环节各类经营场所监督抽检情况

注："其他场所"主要包括水产店、粮油店、肉食店、烘焙店、烟酒门市、水果超市等场所及未注明类型的场所。

（六）餐饮环节监督抽检情况统计

2021 年，河北省在餐饮环节共开展监督抽检 72882 批次，检出实物不合格样品 2660 批次，实物不合格发现率为 3.65%。被抽样经营场所包括餐馆、食堂等 16 种类型。其中微型餐馆、快餐店、机关食堂、小吃店、小型餐馆等餐饮环节经营场所实物不合格发现率较高，分别为 5.66%、5.60%、5.21%、4.77%、4.61%（见表5、图4、图5）。

表5 餐饮环节各类经营场所监督抽检情况

单位：批次，%

序号	经营场所 类型	经营场所	监督抽检批次	实物不合格批次	实物不合格 发现率
1	餐馆类	微型餐馆	106	6	5.66
		小型餐馆	19388	894	4.61
		中型餐馆	18603	681	3.66
		大型餐馆	5861	176	3.00
		特大型餐馆	412	5	1.21
2	食堂类	机关食堂	192	10	5.21
		中央厨房	118	4	3.39
		学校/托幼食堂	17393	514	2.96
		企事业单位食堂	2617	58	2.22
		建筑工地食堂	291	3	1.03
3	其他类	快餐店	1876	105	5.60
		小吃店	2454	117	4.77
		饮品店	309	0	0.00
		其他	2491	82	3.29
4	网络订餐	外卖餐饮	550	5	0.91
5	集体配送	集体用餐配送单位	221	0	0.00
合计			72882	2660	3.65

注："其他"为未注明类型的场所。

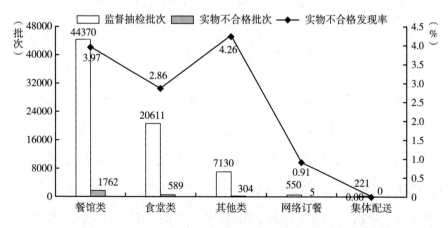

图4 餐饮环节经营场所类型抽检情况

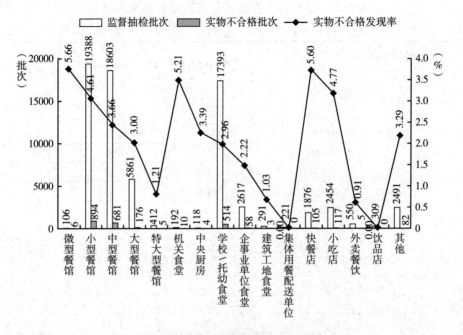

图5　餐饮环节各类经营场所不合格情况

三　监督抽检实物不合格项目统计

（一）加工食品实物不合格项目统计

2021年，全省共监督抽检加工食品171469批次，发现实物不合格1057批次，涉及66个不合格项目、1122项次。其中，食品添加剂621项次、质量指标257项次、其他微生物（非致病微生物）146项次、致病微生物56项次、重金属等元素污染物13项次、真菌毒素11项次、有机污染物10项次、禁用兽药3项次、其他污染物 2 项次、非食用物质 1 项次、其他生物 1 项次、兽药残留 1 项次（见图6）。

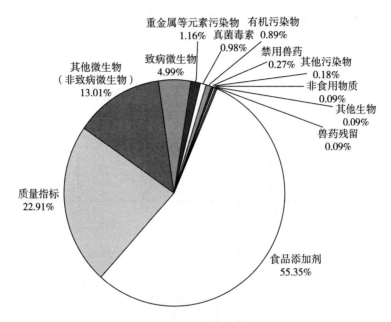

重金属等元素污染物 1.16% 有机污染物 0.89%
真菌毒素 0.98%
禁用兽药 0.27% 其他污染物 0.18%
非食用物质 0.09%
其他生物 0.09%
兽药残留 0.09%
致病微生物 4.99%
其他微生物（非致病微生物）13.01%
质量指标 22.91%
食品添加剂 55.35%

图6 加工食品不合格项目分布情况

（二）食用农产品实物不合格项目统计

2021 年，全省市场监管系统共监督抽检食用农产品 174005 批次，检出实物不合格样品 4065 批次，涉及 77 个不合格项目、4178 项次。其中，亚类食用农产品不合格发现率由高到低分别为水产品 6.32%、蔬菜 2.50%、水果类 1.89%、鲜蛋 1.89%、生干坚果与籽类食品 0.73%、畜禽肉及副产品 0.55%（见图7）。

按照不合格项目性质可分为 9 类。分别为农药残留 2042 项次，禁用农药 1198 项次、重金属等元素污染物 550 项次、兽药残留 184

项次、禁用兽药 176 项次、质量指标 13 项次、其他污染物 8 项次、食品添加剂 6 项次、真菌毒素 1 项次（见图 8）。

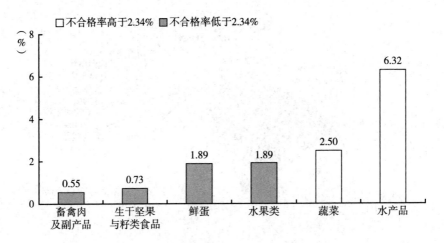

图 7　食用农产品检出实物不合格亚类

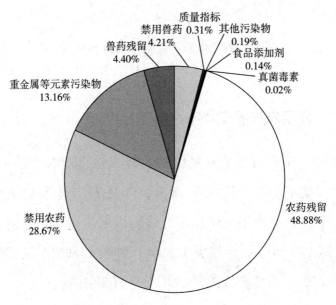

图 8　食用农产品不合格项目分布

四 实物不合格项目及原因分析

（一）加工食品实物不合格项目原因分析

加工食品实物不合格主要有五个方面原因。

一是生产、运输、贮存、销售等环节卫生防护不良，食品受到污染导致微生物指标超标。

二是产品配方不合理或未严格按配方投料，食品添加剂超范围或超限量使用。

三是使用塑料材质设备或生产过程控制不当。例如，植物油原料炒制温度过高导致苯并［a］芘超标；大桶水灭菌控制不当导致溴酸盐超标等。

四是不合格原料带入，成品贮存不当，产品包装密封不良等原因。例如，肉制品、蜂产品兽药残留不合格，肉制品、水产制品重金属超标，食用油的黄曲霉毒素超标，粮食加工品中玉米赤霉烯酮超标，部分食品的酸价、过氧化值不合格等。

五是减少关键原料投入、人为降低成本导致的品质指标不达标。例如，酱油的氨基酸态氮不合格，饮料的蛋白质不合格，味精中的谷氨酸钠含量与标签明示值不符等。

（二）食用农产品实物不合格项目原因分析

食用农产品不合格主要有四个方面原因。

一是蔬菜和水果类产品在种植环节违规使用禁限用农药。

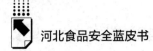

二是水质污染和生物富集导致水产品重金属等元素污染物超标。

三是畜禽、水产品和鲜蛋在养殖环节违规使用禁限用兽药。

四是畜禽肉贮存条件不当导致挥发性盐基氮超标；生干坚果与籽类产品贮存或运输不当导致真菌毒素、酸价超标；蔬菜加工过程中过量使用漂白剂和防腐剂导致二氧化硫、亚硫酸盐超标。

五　需要引起关注的方面

（一）餐饮环节的餐饮食品及食品原料问题仍较多

5 类任务在餐饮环节（除网络订餐外）的监督抽检不合格发现率为 3.67%（包括在餐饮环节抽检的食品原料），明显高于其他抽检环节的不合格率。在监督抽检的 34 个食品大类中，餐饮具的不合格发现率最高，不合格发现率为 14.82%，明显高于监督抽检 1.94% 的平均不合格发现率。

（二）不合格项目相对集中

在加工食品的监督抽检中，实物不合格样品涉及不合格项目共 66 个、1122 项次，其中食品添加剂项目和质量指标不合格 878 项次，占比 78.25%。在食用农产品的监督抽检结果中，不合格样品涉及不合格项目共 77 个、4178 项次，其中农药残留 2042 项次、禁用农药 1198 项次，占比分别为 48.88%、28.67%（见表 6）。

表6 2021年河北省各类加工食品实物不合格项目统计

序号	食品大类	食品细类	实物不合格批次	不合格项次	项目性质	不合格项目	项次
1	炒货食品及坚果制品	开心果、杏仁、扁桃仁、松仁、瓜子,其他炒货食品及坚果制品	85	86	质量指标	过氧化值、酸价	71
					食品添加剂	糖精钠、山梨酸及其钾盐、苯甲酸及其钠盐、二氧化硫、铝的残留量	9
					其他微生物	大肠菌群、霉菌	4
					黄曲霉毒素	黄曲霉毒素 B_1	2
2	淀粉及淀粉制品	粉丝粉条、其他淀粉粉制品、淀粉	152	157	食品添加剂	铝的残留量、山梨酸及其钾盐、二氧化硫残留量	151
					其他微生物	霉菌和酵母、菌落总数	6
3	冷冻饮品	冰激凌、雪糕、雪泥,冰棍、食用冰、甜味冰,其他类	17	18	其他微生物	菌落总数、大肠菌群	12
					质量指标	蛋白质	5
					食品添加剂	甜蜜素	1
4	糕点	糕点、月饼、粽子	144	160	食品添加剂	脱氢乙酸及其钠盐、防腐剂混合使用时各自用量占其最大使用量的比例之和、铝的残留量、糖精钠、山梨酸及其钾盐、甜蜜素	92
					质量指标	过氧化值、酸价、钠、感官	34
					其他微生物	菌落总数、霉菌、大肠菌群	33
					非食用物质	富马酸二甲酯	1
5	蛋制品	再制蛋	7	11	食品添加剂	苯甲酸及其钠盐、山梨酸及其钾盐	8
					其他微生物	菌落总数	3

续表

序号	食品大类	食品细类	实物不合格批次	不合格项次	项目性质	不合格项目	项次
6	豆制品	豆干、豆腐、豆皮等、腐竹、油皮及其再制品,大豆蛋白类制品等,腐乳、豆豉、纳豆等	53	57	食品添加剂	苯甲酸及其钠盐、山梨酸及其钾盐、脱氢乙酸及其钠盐、铝的残留量	45
					质量指标	钠、蛋白质	12
7	肉制品	酱卤肉制品、熏烧烤肉制品、熏煮香肠火腿制品	96	99	食品添加剂	亚硝酸盐、山梨酸及其钾盐、胭脂红、防腐剂混合使用时各自用量占其最大使用量的比例之和、苯甲酸及其钠盐	73
					其他微生物	菌落总数、商业无菌	16
					重金属等元素污染物	镉	7
					质量指标	钠	2
					禁用兽药	氯霉素	1
8	饮料	饮用纯净水、其他饮用水、其他饮料,果、蔬汁饮料、饮用天然矿泉水(汽水)、碳酸饮料、蛋白饮料、固体饮料、茶饮料	98	104	致病微生物	铜绿假单胞菌	56
					其他微生物	大肠菌群、菌落总数、酵母、霉菌	26
					质量指标	电导率、二氧化碳气容量、蛋白质、茶多酚、咖啡因	14
					食品添加剂	安赛蜜、脱氢乙酸及其钠盐、甜蜜素	6
					其他污染物	溴酸盐	2

续表

序号	食品大类	食品细类	实物不合格批次	不合格项次	项目性质	不合格项目	项次
9	水产制品	熟制动物性水产制品、藻类干制品	7	7	食品添加剂	脱氢乙酸及其钠盐、苯甲酸及其钠盐、山梨酸及其钾盐	4
					重金属等元素污染物	铅	2
					其他微生物	菌落总数	1
10	蔬菜制品	自然干制品、热风干燥蔬菜、冷冻干燥蔬菜、蔬菜脆片、蔬菜粉及制品、酱腌菜、腌渍食用菌、干制食用菌	37	39	食品添加剂	二氧化硫残留量、防腐剂混合使用时各自用量占其最大使用量的比例之和、苯甲酸及其钠盐、糖精钠、脱氢乙酸及其钠盐、甜蜜素	37
					质量指标	钠	1
					重金属等元素污染物	总砷	1
11	粮食加工品	生湿面制品、其他谷物粉类制成品、发酵面制品、玉米粉、玉米片、玉米渣、通用小麦粉、谷物加工品、大米、普通挂面、手工面	99	102	食品添加剂	脱氢乙酸及其钠盐、苯甲酸及其钠盐、山梨酸及其钾盐、铝的残留量、甜蜜素、糖精钠	84
					质量指标	水分、粗细度、碎米、钠	9
					真菌毒素	玉米赤霉烯酮、脱氧雪腐镰刀菌烯醇、赭曲霉毒素A	8
					重金属等元素污染物	镉	1

续表

序号	食品大类	食品细类	实物不合格批次	不合格项次	项目性质	不合格项目	项次
12	水果制品	蜜饯类、凉果类、果脯类、话化类、果糕类、水果干制品（含干枸杞）、果酱	28	30	食品添加剂	糖精钠、二氧化硫残留量、苯甲酸及其钠盐、苋菜红、防腐剂混合使用时各自用量占其最大使用量的比例之和、山梨酸及其钾盐、甜蜜素、脱氢乙酸及其钠盐	21
					其他微生物指标	菌落总数、霉菌	8
					质量指标	钠	1
13	蜂产品	蜂蜜	5	5	禁用兽药	呋喃西林代谢物	2
					其他微生物	菌落总数、嗜渗酵母计数	2
					兽药残留	甲硝唑	1
14	食用油、油脂及其制品	芝麻油、其他食用植物油（半精炼、全精炼）、花生油、大豆油、植物调和油、煎炸过程用油	43	45	食品添加剂	香兰素、乙基麦芽酚、乙基香兰素	27
					有机污染物	苯并[a]芘	9
					质量指标	酸价、净含量、过氧化值、极性组分	9
15	酒类	以发酵酒为酒基的配制酒、黄酒、葡萄酒、白酒、白酒（原酒、液态）、以蒸馏酒及食用酒精为酒基的配制酒	39	44	质量指标	酒精度、己酸乙酯、总酯、固形物	33
					食品添加剂	甜蜜素	10
					有机污染物	甲醇	1

续表

序号	食品大类	食品细类	实物不合格批次	不合格项次	项目性质	不合格项目	项次
16	薯类和膨化食品	干制薯类(除马铃薯片外)、含油型膨化食品和非含油型膨化食品	21	22	质量指标	过氧化值、酸价	13
					食品添加剂	二氧化硫残留量、铝的残留量、山梨酸及其钾盐	5
					其他微生物	大肠菌群、菌落总数	4
17	饼干	饼干	16	16	质量指标	过氧化值、酸价、脱氢乙酸及其钠盐、水分	11
					食品添加剂	铝的残留量、脱氢乙酸及其钠盐	4
					其他微生物	霉菌	1
18	方便食品	方便粥、方便盒饭、冷面及其他熟制方便食品等、调味面制品、油炸面,非油炸面,方便米粉(米线)方便粉丝	17	18	其他微生物	菌落总数、霉菌、大肠菌群	12
					食品添加剂	山梨酸及其钾盐、脱氢乙酸及其钠盐	5
					质量指标	酸价	1
19	调味品	其他香辛料调味品;其他液体调味料;食醋;低钠食用盐;食用盐;黄豆酱、甜面酱等;酱油;鸡粉、鸡精调味料;坚果与籽类的泥(酱),包括花生酱等;其他固体调味料;味精;料酒	61	69	质量指标	食盐(以 Cl- 计)、总酸、不挥发酸、碘、氨基酸态氮、全氮、铵盐、呈味核苷酸二钠、净含量、含氨酸钠	36
					食品添加剂	二氧化硫残留量、苯甲酸及其钠盐、防腐剂混合使用时各自用量占其最大使用量的比例之和、糖精钠	27
					其他微生物	菌落总数	4
					黄菌毒素	黄曲霉毒素 B_1	1
					重金属等元素污染物	铅	1

续表

序号	食品大类	食品细类	实物不合格批次	不合格项次	项目性质	不合格项目	项次
20	糖果制品	果冻、糖果	10	11	其他微生物	菌落总数、酵母、大肠菌群	9
					食品添加剂	糖精钠、胭脂红	2
21	速冻食品	包子、馒头等熟制品、速冻水产制品、速冻调理肉制品、水饺、元宵、馄饨等生制品	10	10	质量指标	过氧化值	4
					其他微生物	菌落总数	3
					食品添加剂	胭脂红、糖精钠	3
22	罐头	食用菌罐头、水果类罐头、水产动物类罐头	6	6	食品添加剂	苯甲酸及其钠盐、脱氢乙酸及其钠盐、山梨酸及其钾盐、糖精钠	6
23	保健食品	保健食品	1	1	其他微生物	霉菌和酵母	1
24	茶叶及相关制品	代用茶	1	1	重金属等元素污染物	铅	1
25	食糖	红糖、绵白糖	2	2	其他生物	螨	1
					质量指标	还原糖分	1
26	乳制品	奶片、奶条等、发酵乳	2	2	食品添加剂	脱氢乙酸及其钠盐	1
					其他微生物	大肠菌群	1

（三）个别品种应引起重视

一是餐饮环节的餐饮具抽检合格率较低。监督抽检复用餐饮具12696 批次，检出不合格样品 1882 批次，监督抽检不合格率为14.82%，不合格率较高，存在较大问题。主要不合格项目为大肠菌群及阴离子合成洗涤剂，主要原因是餐饮具的清洗、消毒、运输环节不符合相关卫生规范。

二是饮用纯净水中铜绿假单胞菌问题突出。5 类抽检任务中，监督抽检饮用纯净水 1391 批次，检出不合格样品 49 批次，不合格率为 3.52%，其中 45 批次检出铜绿假单胞菌不合格，检出率为3.24%。铜绿假单胞菌是一种条件致病菌，广泛分布于水、空气、正常人的皮肤、呼吸道和肠道中，对于免疫力较弱的人群健康风险较大。铜绿假单胞菌超标可能是源水防护不当，水体受到污染；生产过程中卫生控制不严格，如从业人员未经消毒的手直接与矿泉水或容器内壁接触；或者是包装材料清洗消毒有缺陷所致。

三是食用农产品检出农残、兽残、禁用药品及化合物。5 类抽检任务中，食用农产品共监督抽检 174005 批次，检出不合格样品4065 批次，其中 3571 批次检出禁用农兽药或禁止使用的药品及化合物。主要不合格项目为克百威、氯霉素、毒死蜱、瘦肉精（克伦特罗、莱克多巴胺、沙丁胺醇）、孔雀石绿等禁限用农药、兽药。监督抽检蔬菜、水果类批次最多，监督抽检蔬菜 99252 批次，检出不合格样品 2481 批次，不合格发现率为 2.50%。监督抽检水果类 37954 批次，检出不合格样品 717 批次，不合格发现率为1.89%（见表7）。

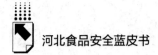

表7　各类食用农产品不合格项目

序号	食品亚类	食品细类	不合格批次	不合格项次	项目性质	不合格项目	项次
1	水产品	淡水虾、淡水蟹、海水蟹、贝类、淡水鱼、海水鱼、其他水产品、海水虾	626	631	重金属等元素污染物	镉	519
					兽药残留	恩诺沙星、地西泮、土霉素	84
					禁用兽药	孔雀石绿、呋喃西林代谢物、氯霉素、呋喃唑酮代谢物	28
2	蔬菜	菜豆、豇豆、赤球甘蓝、辣椒、萝卜、山药、番茄、胡萝卜、马铃薯、大蒜、姜、黄瓜、菠菜、豆芽、莜麦菜、结球甘蓝、茄子、芹菜、大白菜、鲜食用菌、普通白菜、其他蔬菜、韭菜、甜椒、蒜薹、洋葱	2481	2555	农药残留	灭蝇胺、噻虫胺、倍硫磷、倍硫磷甲氨基阿维菌素苯甲酸盐、氯氟氰菊酯和高效氯氟氰菊酯、氯氰菊酯和高效氯氰菊酯、啶虫脒、苯醚甲环唑、丙溴磷、敌敌畏、噻虫嗪、吡虫啉、哒螨灵、乙螨唑、阿维菌素、辛硫磷、百菌清、氟氯氰菊酯和高效氟氯氰菊酯、多菌灵、腐霉利	1324
					禁用农药	甲胺磷、毒死蜱、灭多威、甲基异柳磷、克百威、氧乐果、氧乐果乙酰甲胺磷、氧乐果、久效磷、4-氯苯氧乙酸钠、6-苄基腺嘌呤	1186
					重金属等元素污染物	镉、铅、铬	31
					其他污染物	亚硫酸盐	8
					食品添加剂	二氧化硫残留量	6

续表

序号	食品亚类	食品细类	不合格批次	不合格项次	项目性质	不合格项目	项次
3	水果类	柑橘、草莓、葡萄、柠檬、桃、油桃、梨、橙、香蕉、猕猴桃、火龙果、荔枝、柑果	717	730	农药残留	苯醚甲环唑、丙溴磷、毒死蜱、联苯菊酯、氯氰菊酯和高效氯氟氰菊酯、三唑磷、氯菊酯、敌敌畏、溴氰菊酯、吡虫啉、烯酰吗啉、多菌灵、腈苯唑、噻虫胺、噻虫嗪、氯吡脲	718
					禁用农药	甲拌磷、氯唑磷、克百威、氧乐果、水胺硫磷、甲胺磷	12
4	鲜蛋	鸡蛋、其他禽蛋	137	145	禁用兽药	氟苯尼考、恩诺沙星、金刚烷胺、甲砜霉素、地美硝唑（总量）、磺胺类（总量）、氯霉素、氧氟沙星	117
					兽药残留	甲硝唑、多西环素、沙拉沙星	28
5	生干坚果与籽类食品	生干籽类	4	5	质量指标	酸价	4
					真菌毒素	黄曲霉毒素 B_1	1
6	畜禽肉及副产品	牛肉、羊肉、鸡肉、猪肉、猪肝	100	112	兽药残留	地塞米松、恩诺沙星、氟苯尼考、林可霉素、土霉素、金霉素/四环素（组合含量）、多西环素、甲氧苄啶、替米考星、氯丙嗪、磺胺类（总量）	72
					禁用兽药	克伦特罗、氯霉素、五氯酚酸钠、氧氟沙星、克伦特罗、金刚烷胺、莱克多巴胺、沙丁胺醇	31
					质量指标	挥发性盐基氮、水分	9

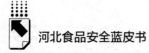

四是部分食品类别真菌毒素超标。5 类抽检任务中，8 批次花生及其制品、2 批次其他炒货食品及坚果制品、1 批次坚果与籽类的泥（酱）黄曲霉毒素 B_1 超标；5 批次玉米粉、玉米片、玉米渣中的玉米赤霉烯酮超标；通用小麦粉、专用小麦粉中 2 批次脱氧雪腐镰刀菌烯醇超标、1 批次赭曲霉毒素 A 超标。真菌毒素超标主要是农产品在种植、采收、运输及储存过程中受到污染霉变所致，真菌毒素类物质一般毒性较强。

B.7
2021年河北省进出口食品质量安全监管状况分析

李树昭　万顺崇　朱金变　吕红英　李晓龙*

摘　要： 2021年，石家庄海关认真落实省委、省政府和海关总署各项工作要求，统筹推进常态化疫情防控和进出口食品安全监管工作，严格落实事前准入和事中、事后检验检疫监管要求，加强风险防控，督导企业落实主体责任，做到"源头可追溯、过程可控制、去向可跟踪、信息可查询、风险可管理、安全有保障"，切实把好进出口食品安全关。

关键词： 进出口食品　监管工作　食品安全　石家庄

2021年，石家庄海关认真贯彻习近平总书记关于食品安全的重要指示精神，严格落实省委、省政府和海关总署各项工作要求，统筹推进常态化疫情防控和进出口食品安全监管工作，较好地完成了全年各项工作目标任务。

---

* 李树昭，石家庄海关进出口食品安全处三级调研员；万顺崇，石家庄海关进出口食品安全处四级调研员；朱金变，石家庄海关进出口食品安全处科长；吕红英，石家庄海关进出口食品安全处科长；李晓龙，石家庄海关进出口食品安全处副主任科员。

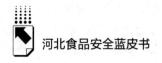
一 进出口食品产业概况

（一）出口食品备案企业情况

截至 2021 年底，石家庄关区出口食品备案企业共计 995 家，速冻果蔬、脱水果蔬类，罐头类，粮食制品及面、糖制品类，调味品类，花生、干果、坚果制品类和饮料类备案企业数量居前 6 位，这 6 类企业数量之和占备案企业总数的 47.34%。石家庄海关出口食品备案企业情况详见表 1。

表 1 石家庄海关出口食品备案企业统计

单位：家

分类号	产品类别	数量
01	罐头类	89
02	水产品类	44
03	肉及肉制品	35
04	茶叶类	5
05	肠衣类	41
06	蜂产品类	3
07	蛋制品类	2
08	速冻果蔬、脱水果蔬类	122
09	糖类	19
10	乳及乳制品类	7
11	饮料类	55
12	酒类	43
13	花生、干果、坚果制品类	61
14	果脯类	27
15	粮食制品及面、糖制品类	78
16	食用油脂类	26
17	调味品类	66

分类号	产品类别	数量
18	速冻方便食品类	31
19	功能食品类	13
20	食用明胶类	1
21	盐渍菜类	30
22（D）	其他	197
合计		995

（二）出口食品企业对外注册情况

截至 2021 年底，石家庄关区出口食品对外注册企业共计 289 家，按注册地区情况详见表 2，按产品类别情况详见表 3。

表 2　对外注册企业统计（按注册地区）

单位：家

注册地区	企业数量
欧盟	77
韩国	56
日本	40
美国	30
巴西	28
加拿大	15
越南	13
俄罗斯	11
印度尼西亚	9
新西兰	4
中国香港	4
其他国家/地区	2
合计	289

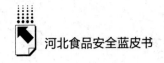

表3　对外注册企业统计（按产品类别）

单位：家

产品类别	企业数量
水产品类	132
肠衣类	84
肉及肉制品类	54
罐头类	12
果蔬汁	5
其他	2
合计	289

二　进出口食品质量安全状况、贸易概况

（一）进出口食品监督抽检情况

2021年，石家庄海关严格按照布控指令对出口食品实施监督抽检，检出1批出口芝麻重金属超标、1批花生黄曲霉毒素超标，其他项目结果均合格。全省未发生区域性、系统性进出口食品安全风险及重大进出口食品安全事件，进出口食品质量安全总体情况良好。

（二）进出口食品贸易概况

2021年，石家庄关区共进出口食品45150批，货值18.37亿美元。其中，出口44796批，货值17.04亿美元；进口354批，货值1.33亿美元。

1.进出口植物源性食品贸易概况

2021年，石家庄关区共进出口植物源性食品36745批，货值

12.69亿美元。其中,出口36492批,货值11.50亿美元;进口253批,货值1.19亿美元。

出口产品包括糖及糖果、罐头、蔬菜、干坚果及制品、饮料、粮食制品、植物蛋白、杂粮杂豆、调味料、植物提取物、果干果脯、淀粉、调味品、食用植物油、特殊食品、酵母、酒类、乳制品等。其中,居出口货值前6位的为糖及糖果、罐头、蔬菜、干坚果及制品、饮料、粮食制品,年出口货值7.30亿美元。

进口产品有糖类、食用植物油、酒类、粮食制品、乳品、粮食加工品、茶叶、调味品、饮料等。其中,糖类、食用植物油、酒类、粮食制品、乳品等居前5位,年进口货值1.19亿美元。

2.进出口动物源性食品、中药材、化妆品贸易概况

2021年,石家庄关区进出口动物源性食品、化妆品、中药材共8405批,货值5.67亿美元。

出口产品主要包括水产品及制品、禽肉产品及制品、畜肉产品及制品、肠衣和中药材、蜂产品和禽蛋产品8304批,货值5.54亿美元。

进口产品包括日化类产品和儿童洗护用品,共101批,货值0.13亿美元。进口形式为一般贸易和跨境电商。其中,一般贸易进口化妆品13批次,货值820.66万美元;跨境电商进口化妆品共88批次,货值519.9万美元。

三　进出口食品安全监管工作开展情况

(一)严格落实"信用监管"机制,有效推进监管成效

2021年,石家庄海关对出口食品生产企业实行分级分类监管,

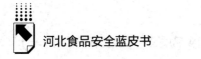

纳入以信用为基础的新型监管机制。

全关区共开展出口食品生产企业"定期管理类"核查 345 起，发现问题 230 起，查发率 66.67%。其中，发现问题转相关部门处理 15 起，规范整改 199 起。

2021 年未接待国外官方现场检查。其间，应韩国要求对关区 4 家对韩推荐企业实施现场检查；根据香港要求完成供港企业调查问卷 1 次，涉及石家庄关区 3 家供港肉类加工企业和 1 家供港蔬菜种植基地。

（二）落实源头管控要求，积极开展"国门守护"行动

一是积极开展印度、巴基斯坦、孟加拉国、斯里兰卡、尼泊尔、不丹、马尔代夫等南亚七国食品安全管理体系及准入研究，完成了南亚七国与我国进出口食品安全监管体系比较研究报告。将京津冀三地海关相关国家研究报告和收集翻译的法律法规等汇编成《欧亚非部分国家食品安全监管体系研究报告》和《欧亚非部分国家食品安全法律法规及规范性文件》，实现京津冀三地海关研究成果共享。

二是针对印度国家食品安全与标准局发布的《食品安全与标准（食品产品标准和食品添加剂）首次修订法规（2021）》，及时发布信息提请各关对新增安全卫生项目予以关注。

三是根据总署下达任务，完成巴基斯坦干辣椒输华风险评估工作任务，提交了《巴基斯坦干辣椒输华风险评估报告》；启动巴基斯坦熟制牛肉输华准入程序的可行性和必要性评估工作；开展了巴基斯坦冷冻熟制去骨牛肉产品准入分析工作；对 10 家境外输华水

产企业就企业疫情防控情况和食品安全管理体系运行情况等开展视频检查。

（三）增强风险意识，加强风险防控

一是加强进出口食品安全信息的搜集，及时发布风险预警信息。根据欧盟国家持续关注食品中环氧乙烷超标、输韩泡菜和腌制白菜检出部分成分超标等问题，及时发布风险预警信息。全年收集报送进出口食品安全风险信息 20 条。

二是严格按照总署要求，细化落实措施，严防瘦肉精超标产品输入风险。

三是开展对 15 家被国外通报的出口食品化妆品企业核查分析，落实预防性控制措施。

（四）严格落实进口冷链食品常态化疫情防控工作

一是制定了《石家庄海关进口冷链食品疫情防控工作方案》《石家庄海关进口食品口岸环节新冠病毒核酸检测和预防性消毒工作操作指引》，进一步健全完善和细化工作制度。

二是加强对一线人员培训，组织对《新冠肺炎疫情防控冷链食品分级分类处置技术指南》以及进口冷链食品新冠病毒核酸检测和预防性消毒最新版作业指导书等进行了 2 次关区专题培训，合计培训 525 人次。

三是提升应急处置能力，制定了《石家庄海关严防新型冠状病毒污染食品输入应急处置预案》，编制了《石家庄海关进口冷链食品应急处置演练脚本》，在关区范围内组织开展了 2 批次疫情防

控应急处置演练，开展综合现场演练 1 次。2021 年全年，石家庄海关辖区无冷链食品进口。

（五）全力做好常态化新冠肺炎疫情防控工作的同时积极推进扩大肉类、乳品进口专班工作

一是提高进境动植物源性食品检疫审批工作效率，在确保国门安全的基础上加快办理速度，平均审批时限同比缩减 50%。

二是进一步优化监管放行模式。针对巴氏杀菌乳特点，在国家准入、企业及产品注册的基础上，根据前期进口情况及风险评估结果，对符合条件的企业进口巴氏杀菌乳，在口岸实施"检查放行+风险监测"模式。

三是对部分报关单未填写或校验境外食品生产企业注册信息情况进行分析研判，督促做好进境食品单证审核和现场检查，严禁非准入产品和已被暂停企业的产品入境，严防重大动物疫病通过进口食品渠道传入风险。

四 社会共治开展情况

（一）《进出口食品安全管理办法》和《进口食品境外生产企业注册管理规定》宣传贯彻情况

一是为确保两部规章如期顺利实施及过渡期进出口食品贸易平稳开展，石家庄海关成立了"工作专班"，制定了"专班工作方案"，建立了相应"应急响应机制"和"专班议事制度"。

二是广泛开展宣贯和培训工作，印制了宣传画册 2300 份、宣传海报 400 套。组织河北省市场监督管理局、卫生健康委员会、农业农村厅、公安厅、商务厅等全省食品安全系统相关人员进行政策宣讲培训，通过石家庄海关门户网站、12360 微信公众号及时发布两部规章释义、《2022 年，进口食品标签新变化》和《〈进口食品境外生产企业注册管理规定〉释义解读全攻略》等内容。

三是就进口食品标签等管理新变化发布了风险告知类预警建议。

（二）积极开展"食品安全宣传周"活动

围绕"尚俭崇信　守护阳光下的盘中餐"主题，积极向进出口企业、消费者开展法律法规及政策、进出口食品安全知识的宣讲，广泛提升社会关注度。共发放宣传材料 2630 册，制作展板 21 块，开展线上线下宣传活动 61 次，参与人数达 3113 人次。

（三）加强与地方政府部门的协作

一是开展"走进地方政府"征求意见活动，就如何加强食品安全共治、做好进出口食品安全监管工作等问题，与省食安办部分成员部门进行座谈并征求意见，推进进出口食品安全社会共治。

二是配合公安部门对 10 个批次、4 个品种的进口问题牛肉制品准入及检验检疫情况进行了认定。

三是派员参加河北首届水产品、调味品出口产销对接会，就出口食品安全监管工作要求进行宣讲。

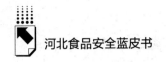

五　2022年冬奥会和冬残奥会食品安全监管保障工作

首先，进一步制定完善了《石家庄海关 2022 年北京冬奥会和冬残奥会工作方案》《石家庄海关 2022 年冬奥会和冬残奥会进口食品监管工作方案》《石家庄海关 2022 年北京冬奥会和冬残奥会进口食品安全突发事件应急预案》等工作制度。

其次，加强与省市两级冬奥办等相关部门联络沟通，及时落实省市两级冬奥办工作任务。为 2022 年冬奥会推荐餐饮原材料备选基地和备选服务商共计 15 家，承接地方市场监管部门对 2022 年冬奥会期间重点食品专项抽检工作，共完成 161 批次涉奥食品的检测任务。

最后，全力做好赛事期间相关保障工作。加强与北京、天津海关联系配合，做好与口岸海关在进口食品安全监管方面的衔接配合。指导张家口海关做好张家口赛区进口食品通关、检验检疫和后续监管工作，派驻食品监管人员落实赛事期间食品安全监管工作。

专题报告

Special Reports

"食品安全标准"困惑之辨析

——一种《食品安全法》的适用困境

摘 要: "食品安全标准"从问世之后即存在诸多困惑,如概念不清、与"质量标准"的异同、与"企业标准"的混淆,"公法法域"与"私法法域"的效力不清等。这些困惑不仅造成了对食品安全相关规制制度的认识误区,同时也造成了食品生产经营者、管理者以及相关法律从业者的无所适从。研究分析这些困惑并尝试给出答案,其目的并不仅仅是理论问题的澄清,也是为食品安全法律相关者释疑

---

* 冀玮,对外经济贸易大学政府管理学院研究员、国务院食品安全委员会专家委员会成员,长期从事食品药品安全管理与研究工作。

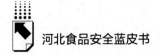

解惑，使法律良好适用。

关键词： 食品安全标准　食品质量标准　食品安全企业标准　公法
　　　　　与私法

一　透视"食品安全标准"困惑

根据 2022 年国家卫生健康委员会（以下简称"卫健委"）的
信息，截至 2022 年 2 月，《食品安全国家标准目录》共计 1419 项，
具体包括通用标准 13 项、食品产品标准 70 项、特殊膳食食品标准
10 项、食品添加剂质量规格及相关标准 646 项、食品营养强化剂质
量规格标准 53 项、食品相关产品标准 15 项、生产经营规范标准 34
项、理化检验方法标准 234 项、微生物检验方法标准 32 项、毒理学
检验方法与规程标准 29 项、农药残留检测方法标准 120 项、兽药残
留检测方法标准 74 项、被替代和已废止（待废止）标准 89 项。①

但是，针对"食品安全标准"的问题与争议始终不绝于耳。如
有学者归纳食品安全标准体系存在以下问题："食品安全标准不是正
式的法律渊源、食品安全标准的内容范围与法规规章的内容范围不
清晰、政府主导型标准体系不能完全满足经济社会发展的需求"② 等。

---

① 国家卫健委食品安全标准与监测评估司主页，http：//www.nhc.gov.cn/sps/
　　s7891/202202/abb7090ad744405fba8244893839206d.shtml。
② 陈维佳、李宝忠：《中国食品安全标准体系的问题即对策》，《食品科学》2014
　　年第 9 期。

笔者认为，上述问题并不是食品安全标准的"真问题"，而是代表着当前普遍存在的对食品安全标准的认识误区。如从食品安全规制的需要角度观察，食品安全标准并不是为"满足经济社会发展的需求"的法律规制，而是服务于"公众生命健康权维护"的制度设计与技术规范，所以，从此视角出发认为不应当由政府主导显然是不正确的结论。但是迄今为止，类似这样一些对食品安全标准的模糊认识在学界、立法层面以及行政监管层面还颇有市场。

2015 年 10 月 1 日，《中华人民共和国食品安全法》（修订版）正式开始实施。修订后的法律对"食品安全标准"的规定有增有删。总体而言，新版的法律规定在食品安全标准方面进步不大，食品安全标准在理念、规范和适用性方面均存在一些"真问题"，主要包括没有给出准确的概念、与其他"食品标准"未做明晰的分辨、存在"食品安全企业标准"这类伪逻辑硬伤、将食品安全标准制定视为"纯科学"行为以及将较为严格的食品安全标准公法规制过度延伸到私法规制等问题。

（一）法律依然未给出清晰的定义

"在《食品安全法》颁布实施之前，我国食品安全标准处于政出多门的状态，农业部、卫生部、国家质量监督检验检疫总局分别负责制定食用农产品质量安全标准、食品卫生标准及食品质量标准，食品安全标准之间相互重复、相互冲突的现象非常突出。这不仅不利于消费者权益的保障，也让食品生产经营者无所适从。"[1]

---

[1]　宋华琳：《中国食品安全标准法律制度研究》，《公共行政评论》2011 年第 2 期，第 36 页。

2009 年版《食品安全法》并未给出明确的定义，只是规定"国务院卫生行政部门应当对现行的食用农产品质量安全标准、食品卫生标准、食品质量标准和有关食品的行业标准中强制执行的标准予以整合，统一公布为食品安全国家标准"①。这个近似的概念较早时候出现在 2008 年 1 月 1 日开始实施的《北京市食品安全条例》中，该条例第十条规定："在本市生产经营的食品，应当符合国家标准、行业标准和本市地方标准中与食品安全相关的强制性标准（以下统称'食品安全标准'）。"这个仅次于法律的地方性法规，应当是食品安全标准概念的法律渊源。

但是，上述这种定义并不是严谨的、具有法律规范意义的概念。2015 年，修订后的《食品安全法》仍然没有对食品安全标准进行规范定义。

（二）与原有的"食品质量标准"等标准并未彻底厘清关系

从前述食品安全标准的历史渊源可以发现，现行法律规定的食品安全标准脱胎于旧有的食品卫生标准、食品质量标准以及相关的农业标准，因此，尽管在形式上食品安全标准已经自成体系，但是在具体内容上还存在大量与食品安全无关的规定。这些规定可能是源于对"食品质量"的要求，但出于种种原因，被误认为"食品安全"的要求而未予去除②。

标准关系不能厘清导致的直接问题很多，比较严重的问题之

---

① 2009 年 6 月 1 日实施《食品安全法》第 22 条第 1 款。
② 参见笔者微信公众号文章《"食品安全"不是"食品质量"》。

一是由于《食品安全法》与《产品质量法》承担的使命不同、其"法律责任"规定悬殊，误认"质量标准"为"安全标准"就会使相对人承担不应承担的过重的法律惩罚，进而导致"过罚不当"的"冤案"。另外一种可能的极端情况是，出于自肥的"寻租"目的，行政执法者可能会故意误认"安全标准"为"质量标准"，从而产生需求"重罪轻罚"的可能，用以谋求相对人的利益回报。

（三）"食品安全企业标准"的伪逻辑

无论从理论分析还是实践观察的角度都可以发现，《食品安全法》第三十条规定的"国家鼓励食品生产企业制定严于食品安全国家标准或者地方标准的企业标准"，实际上是一个值得进一步商榷的制度设计。

首先从"食品安全企业标准"实施以来归纳出的问题即可予以佐证。如，"2010~2011年期间全（江苏）省1100余家食品生产企业向（江苏）省卫生厅备案的2426份食品安全企业标准及备案材料审查过程中发现的问题分析如下。食品生产企业负责人对食品安全企业标准备案工作认识差距较大，意识淡薄，短期行为较严重，对食品安全企业标准备案缺乏主动性，甚至企业生产的产品有无标准，企业产品的质量好坏与否，企业负责人不过问；（材料）普遍质量不高，格式不够规范，内容不够完整。标准起草人标准化知识、管理、技术水平跟不上要求。食品安全企业标准的尺码作用发挥不够。发挥食品安全企业标准的尺码作用……是对企业食品安全、食品质量把关的重要衡量；评审和备案审查人员专业知识不适应繁多食品新品种开发的需要；食品安全企业标准文本难查"①。再如北京市，"2016 年，北京市食品安全企业标准备案工作共受理 635 件，备案完成 539（85%）件，不予备案 93（15%）件，完成备案的企业标准中制定 290（54%）件，修订重新备案 121（22%）件，修改 128（24%）件。（问题包括）文本格式不符合要求；食品名称不能反映真实属性；使用非普通食品（如保健食品原料、药品、野生动物等）作为原辅料；食品安全指标设定不符合食品安全国家标准等"②。类似的问题同样存在于广东省③等地。

有学者把相关问题进行了归纳，"企业或其负责人对企业标准及备案的重要性认识不足，标准起草人的标准化知识、管理、技术水平难以保障合格规范的标准制定，企业标准不正确使用食品原料和食品添加剂，企业标准的指标设定、试验方法选择缺乏科学性，企业标准评审专家组成不合理，专家评审水平有限，企业标准修订迟滞"④ 等。

在笔者看来，这些问题是《食品安全法》中规定了"严于食品安全国家标准或者地方标准的企业标准"这样一个存疑的制度设计造成的，如"发挥食品质量的尺码作用""标准起草人水平不

① 王春明、李力：《2010～2011 年江苏省食品安全企业标准备案和实施过程中存在的问题调查分析》，《中国校医》2012 年第 9 期。
② 赵亮宇、李红、徐亚东：《2016 年北京市食品安全企业标准备案工作情况分析及政策建议》，《中国卫生标准管理》2017 年第 13 期。
③ 戴昌芳、梁辉、王立斌、戴光伟、杨通：《广东省食品安全企业标准技术审查存在问题分析》，《中国食品卫生杂志》2011 年第 2 期。
④ 沈岿：《食品安全企业标准备案的定位与走向》，《现代法学》2016 年第 4 期。

够""指标设定不符合国家标准"等。这种"原罪"问题无法依靠制度完善、工作努力等纠错。

从食品安全标准的法律渊源和原理分析,"食品安全企业标准"的悖论就更加明显。本文开篇即回顾了食品安全标准的"出世",其面世的主要原因之一并不是基于食品安全的需要,而是多个标准打架、交叉冲突导致无法执行而进行统一,这一点从2009年《食品安全法》第22条的规定即可知晓。法律基于统一"食品安全标准"的目标而创设了"食品安全标准",但"严于食品安全国家标准或者地方标准的企业标准"就意味着可以有两个"食品安全标准",且不说这种双重标准在食品安全语境中根本不成立(面对判定同一食品有同一风险的两种不同衡量标准时应当如何选择?),单就法律原本的统一目的而言,这种"第二标准"的设定就是对食品安全标准"唯一性"要求的直接破坏,换言之,制度设计直接制造了一个现实的逻辑悖论。

(四)制定与执行两权分立造成诸多问题

将食品安全标准的制定与执行分立则是现行食品安全标准制度的又一大问题。

可能是基于食品安全标准的制定具有一定的科研性、与医疗卫生关系较为密切,或防止监管部门权力过大等原因,目前法律明确食品安全标准的制定部门是国家卫生行政部门。但是,与"企业标准"的存在问题类似,这种职责的制度设计无疑是弊大于利。

第一,食品安全标准的制定并不是一种"立法"行为,其本质上就是行政监管行为，而且是与标准的强制执行等紧密相连的行政行为。所以，不能够也没有必要按照"权力分立"的原则，交给不同的行政部门行使。从食品安全标准的基本功能分析，其本质内涵是对食品中可能存在的客观风险评估分析结果进行明确表达的技术规范，从而使生产经营者、公众以及政府监管者知晓如何规避或监管食品安全危害。从这一点来说，将食品安全标准的制定与执行放在同一行政监管部门［美国的《食品安全现代化法》（FSMA）将这两者的职责都交给了联邦食品药品管理局（FDA）］，也不会产生权力过大的问题。因为标准的制定，即产生的过程绝大部分要依赖食品风险评估分析等自然科学的研究以及专家、相关生产经营者与社会的一致同意，除了标准制定的发起、过程控制以及最终发布等，食品安全监管部门其实并无多大话语权。

第二，标准制定部门不能及时获知食品安全风险的发生与发展。这是其远离食品安全监管实践造成的。尽管法律规定了很好的风险交流机制，但"部门协同"的困境在当今世界依然是一个并未完全解决的问题，更不用说在以部门行政为主要行政生态的地区。负责食品安全风险评估与标准制定的主责部门国家卫健委是国务院组成部门，而承担食品安全监管职责的国家市场监管总局则是国务院的直属机构，在食品安全标准制定中不过是被"会同"的配合部门。这无疑是在平行的、不相隶属的行政关系中，进一步加大了"部门协同"的难度。

第三，出于"理性经济人"的选择，现在的标准制定部门缺乏动力及时回应监管部门的需求、出台新的食品安全标准、修改或更新不适用的标准、及时制定"临时检验方法"和"临时限量值"①，对不符合"食品安全标准"后的危害性分析评估及标准制定避之唯恐不及，总之，规避"问责"风险其实已经成为标准制定部门行政作为或不作为的唯一动力。

第四，部门行政目标不同极有可能导致标准的制定与执行存在"供给需求差异"。在公共政策的理论研究中，这种"供需差异"是一种常见的政策误区，其形成的原因之一就是政策制定与执行部门的疏离。如今，这一误区已经在食品安全标准制定与执行领域初现端倪。

第五，所谓的"科学家"的专业优势并不存在。现在的标准制定部门——卫生行政部门也是政府组成部门，其具体负责标准制定的机构人员绝大部分也是行政人员，而承担风险评估与标准研究制定的实际机构是食品安全风险评估中心，这是一个隶属卫生行政部门的事业单位，将其重新归属食品安全监管部门易如反掌；其余就是以政府购买的形式委托相关社会专业研究机构进行标准制定，这种形式更与卫生行政部门的"科学家"形象毫无关系。

（五）公法法域的规制与私法法域的效力混淆

如前文所述，食品安全标准是《食品安全法》的制度设计，其根本出发点是为保障食品安全的总体目标而规范食品生产经营者的相关行为，并为行政监管执法、司法诉讼提供技术规范依据。因

---

① 《中华人民共和国食品安全法》第 111 条。

此，食品安全标准具有严厉性、广泛性、强制性等特点，具有鲜明的公法规制特征。但是，《食品安全法》第 148 条①的规定，将食品安全标准的规制力延伸到了民事争议的私法法域。这种延伸在现实中值得商榷。正如有些学者指出的，"从性质上来看，作为一种公法规则，食品安全标准的效力范围及于行政执法领域自无疑问，但其在私法（或民事司法）上是否也具有相应的法律效力，理论上颇具争议"②。

食品安全标准的严厉性、广泛性、强制性等特点带有较为鲜明的公法规制特征，符合行政规制的要求。如"严厉性"表现在不仅仅对明确的危害性因素进行规定，而且对具有潜在风险的因素也予以禁止性规定；"广泛性"表现在其规定涉及的范围相当广泛，除了包括各种污染物质、其他危害物质以外，还包括特殊食品的营养成分、标签说明书、生产经营过程要求等③；"强制性"除了体现在生产经营者必须服从以外，还体现在法律中众多法律责任的判定以食品安全标准为出发点。

然而，上述这些适合公法规制要求的标准被适用于民事争议，显然值得商榷。如对于预包装食品的标签不符合 GB7718《预包装食品标签管理通则》标准规定的情形，基于食品安全维护的行政

① 《中华人民共和国食品安全法》第 148 条："生产不符合食品安全标准的食品或者经营明知是不符合食品安全标准的食品，消费者除要求赔偿损失外，还可以向生产者或者经营者要求支付价款十倍或者损失三倍的赔偿金；增加赔偿的金额不足一千元的，为一千元。但是，食品的标签、说明书存在不影响食品安全且不会对消费者造成误导的瑕疵的除外。"
② 宋亚辉：《食品安全标准的私法效力及其矫正》，《清华法学》2017 年第 2 期，第 155 页。
③ 《中华人民共和国食品安全法》第 26 条。

目的及风险"广泛性"覆盖的要求，对其违法行为给予适当的行政处罚是应当的。但是以此为民事争议中"惩罚性赔偿"的前提，显然并不符合民事赔偿责任的一个基本原则，即赔偿是以"损害"构成以及"损害"程度所决定的。

二　解析"食品安全标准"的本质与适用

在当今中国食品安全监管以食品安全标准为基本依托的现实背景下，对食品安全标准的定位与适用进行进一步规范是非常必要的。

（一）进一步明确食品安全标准的法定概念、内涵

现行《食品安全法》并没有给出食品安全标准的法定概念，这是造成目前对食品安全标准误解的根本原因之一。现行《食品安全法》明确法律的宗旨是"保障公众身体健康和生命安全"[①]，同时，对食品安全的定义是"指食品无毒、无害，符合应当有的营养要求，对人体健康不造成任何急性、亚急性或者慢性危害"[②]。从这个定义出发，食品安全标准的内涵至少应当包括下列内容，或严格遵循下列原则。

一是所有指标与其他内容必须紧紧与食品的"毒""害"相关。

[①]　《中华人民共和国食品安全法》第 1 条。
[②]　《中华人民共和国食品安全法》第 150 条第二款。

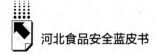

二是应当将与人体健康生命安全直接相关的营养要求纳入其中。

三是应当对急性、亚急性和慢性危害及其诱因进行预防性规范。

四是明确食品安全标准的强制性、唯一性、权威性特征，以及安全规范的本质。

综合上述要求，食品安全标准的概念如下：食品安全标准是由国家法定职责部门制定并发布的，关于食品中有毒有害物质、可能影响人体健康生命安全的营养要求以及其他可能造成急性、亚急性和慢性危害因素的添加值、残留值和相关信息表达的，以及相关的检验方法的科学技术规范。

（二）清晰界定其"食品安全"监管属性的行政与刑事治域

一是要清晰区别食品安全标准与食品质量标准等其他与食品相关标准的界限。

与食品安全标准完全不同的是，关于质量要求的食品标准是生产经营者为了增强产品的市场竞争力、获取更多消费者青睐从而占有更多市场份额，最终实现利益最大化目标的竞争利器，因此质量标准的基本特征是个性化导向，具有多维性、竞争性等特征，这些特征与安全标准用来保障食用者生命健康的特征截然不同。所以，其违反的法律责任也是完全不同的。即从行政治域的角度观察，食品安全标准与质量标准等其他食品标准存在"安全"规制治域与"市场秩序"规制治域的分野。

（三）强调食品安全标准的"唯一性"特征，去除"食品安全企业标准"类的逻辑悖论

从前文的分析可知，"食品安全企业标准"是一个现实存在的逻辑悖论，其思想渊源应当是来自"质量"监管的路径依赖。"在国外，很多大公司制定私人标准的目的，已不仅仅是为了捍卫食品安全，而是通过更高的、更特定化的私人标准，来推行自己的品牌战略，通过产品的差别化定位来提高自己在食品市场中的竞争力。"[①] 所以，即使是食品生产企业制定的标准，其本质上也是为了竞争，但一个不言而喻的道理是，食品安全是不能用于竞争目的的；而对于同一种食品安全风险因素而言，也不可能在不同的生产者之间存在不同的添加值或残留限量值标准，因为食用者的生命健康并不因生产企业的不同而表现出不同程度的耐受力。

（四）还原食品安全风险监测评估和标准制定的行政规制行为的本质

首先，制定食品安全标准并不是科研行为，而是标准的、如假包换的政府行政行为。其中，带有科研性质的风险评估、分析、发现共同特征加以标准化的部分不过是全部行政行为的组成部分而已。"风险评估是'对人体暴露于环境有害物质所导致的潜在不利

[①] 宋华琳：《中国食品安全标准法律制度研究》，《公共行政评论》2011 年第 2 期，第 38 页。

健康影响的描述'。"① "风险评估是风险规制的基础，因为在资源有限的情况下，它不仅决定了某一风险是否应当或者优先纳入行政机关的规制议程——所谓形成'风险问题'，也决定了行政机关应当采取何种处置手段或措施，设定何种规制标准，进而作出进一步决策。"②

因此，建立在风险监测、评估分析基础上的食品安全标准的制定与其他食品安全监管行为别无二致，应当统一到同一个行政监管部门。美国作为当今食品安全监管水平最高的国家之一，新制定的《食品安全现代化法》就进一步明确了食品安全风险监测评估与标准制定的统一行政法权。"美国《食品安全现代化法》（FSMA）最重大的变化在于引入了以风险为基础的预防性控制体系和以风险为基础的检查制度。美国首次以立法的形式，授予 FDA 在整个食品供应链建立全面的、预防性控制体系。"③ "该法要求 FDA 在不迟于 FSMA 生效后的 18 个月内，制定以科学为基础的实施危害分析和预防性控制的最低标准。"④

从食品安全监管的本质来看，其核心内容就是食品安全风险的规制。"风险管理是风险规制的核心环节，它是风险规制机关选择

---

① See Cary Coglianese & Gary E. Marchant, *Shifting Sands*：*The Limits on Science in Setting Risk Standards*, 152 U . PA . L . REV . 1255, 1275（2004）.

② 戚建刚：《风险概念的模式及对行政法制之意蕴》，《行政法论丛》第 12 卷，2014，第 172~173 页。

③ 韩永红：《美国食品安全法律治理的新发展及其对我国的启示——以美国〈食品安全现代化法〉为视角》，《法学评论（双月刊）》2014 年第 3 期（总第 185 期），第 92 页。

④ 韩永红：《美国食品安全法律治理的新发展及其对我国的启示——以美国〈食品安全现代化法〉为视角》，《法学评论（双月刊）》2014 年第 3 期（总第 185 期），第 92 页。

相应的行政措施用以排除或缩减风险、缓解或转移风险、防备风险或为其投保以及制定风险冲击的反应和恢复策略。风险规制措施的归纳、评估、衡量、执行和监督与反馈是风险管理关键所在。"[1]作为食品安全风险的规制机关,政府行政部门首先需要管理风险,即第一时间掌握食品安全风险的具体内容、发生范围、原因、危害性评价等,才能够在归纳、评估、衡量的基础上选择相应的行政措施予以执行,并监督风险的排除、缩减或转移,最终制定针对性政策以及反馈社会公众。然而,在食品安全风险的评估、标准制定与执行部门分设的状态下,一体化要求的风险管理职权被分别赋予卫生行政部门和市场监管部门来行使,这种需要部门协同才能实现行政规制的制度设计事实上弊大于利。其食品安全风险规制的过程性损耗将大大降低风险管理的效果,甚至会导致整体食品安全风险规制的无效。

坚持由卫生行政部门承担风险监测、评估与标准制定的观点,其另一个坚定的理由是,卫生行政部门作为健康管理部门,其专业性无可替代。但是,这是一个经不住推敲的观点。学者沈岿从专业已有成就的局限性,盲目自信,学科的集体自我保护,企业"俘获","井蛙之见"(tunnel of vision),"对专业技术、知识的关注,容易造成对同样重要甚至更重要的非技术问题的排斥"以及"价值对事实的影响"七个方面论证"专家也有其源于又不完全等同于科学局限的不可靠性"[2]。就当今时代的科技研究能力分布,以

---

① 〔美〕罗伯特·希斯(Robert Heath):《危机管理》,王成、宋炳辉、金瑛译,中信出版社,2004,第40~41页。

② 沈岿:《风险评估的行政法治问题——以食品安全监管领域为例》,《浙江学刊》2011年第3期,第20~21页。

及政府调动社会科学研究力量的行政能力而言，已经不存在某一个部门或机构在某个领域是不可替代的现象了。更何况"在 20 世纪七八十年代不断发生的工业及环境风险的危机下，早前合法地称为科学的技术领域突然发现了自身的不可靠性。从前的科学是真善的保证的理念已经成为历史"①。

（五）区分食品安全标准的公法规制法域与私法规制法域

要清晰明确食品安全标准的适用仅限于行政与刑事规制。在民事赔偿中的适用应当通过法定民事调解程序或民事司法程序、根据民事赔偿的法定原则进行间接引用。

依照《民事赔偿法》的规定，民事赔偿的原则之一是"损害"的存在与程度。这一原则与食品安全标准的特征并不能够直接对接。食品安全标准由于其保护"食品安全"、加大行政刑事规制力度等的诸多特征，不宜作为民事赔偿争讼的直接证据，而是应当依据相关民事法律原则与程序，将食品安全标准作为当事人是否应当作出（获得）赔偿的基础证据之一，根据民事赔偿的法定要件，由第三方裁判者（民事仲裁庭或法院民事审判庭）作出裁定。

食品安全标准作为中国当今食品安全监管的特定基础，对其加以条分缕析式的讨论，明晰其本质，明辨其原理，明确其适用，无论是对广大食品生产经营者，还是对社会公众、政府监管者来说，都是非常必要的。

---

① 西尔维奥·O. 冯拖维克兹、杰罗姆·R. 拉弗兹：《三类风险评估及后常规科学的诞生》，载《风险的社会理论学说》，徐元玲、孟毓焕、徐玲等译，北京出版社，2005，第 291 页。

国家食品安全示范城市创建的比较研究

——基于河北省3个国家首批示范城市的实证分析

贝　军*

摘　要： 为提升城市食品安全保障水平，国务院食品安全委员会在借鉴习近平总书记主政福建治理餐桌污染实践经验的基础上，提出了"食品安全城市"设想，继而在首批4个省份的15个城市率先开展国家食品安全示范城市创建活动。本文基于河北省首批荣获国家食品安全示范城市授牌的石家庄、张家口、唐山3个城市创建实效分析，结合后续跟踪问效情况，客观全面评述示范城市的创建工作带来的显著正向影响。同时，针对国家食品安全示范城市创建过程中存在的不足和现实困难，提出有针对性的建议与对策。

关键词： 食品安全　示范城市　实效分析　河北

一　引言

国家食品安全示范城市创建工作，最早源于习近平总书记

---

* 贝军，河北省市场监督管理局一级巡视员，河北省人民政府食品安全委员会办公室副主任。

2001 年任福建省省长时，部署开展的"治理餐桌污染"为民办实事项目。推动国家食品安全示范城市创建，就是以点带面地发挥引领带头作用和示范推广效应，使全国普遍关注和创新食品安全的治理，共治共享共同推动食品安全领域治理体系和治理能力现代化的一项重要制度安排。2014 年 7 月，国务院食品安全委员会办公室（以下简称"国务院食安办"）印发《关于开展食品安全示范城市创建试点工作的通知》，选取河北、湖北、山东、陕西首批 4 个试点省份的 15 个城市启动食品安全示范城市创建工作。2015 年 9 月，国务院食安办确定第二批 11 个省（市）的 15 个试点城市。2016 年 5 月，国务院食安办确定第三批 24 个省（区、市）的 37 个试点城市。2016 年 3 月，开展国家食品安全示范城市创建被写入《国民经济和社会发展第十三个五年规划纲要》。2021 年 12 月，国务院食安办确定第四批 30 个省（区、市）的 53 个创建推荐城市。至此，全国 31 个省份的 120 个城市被纳入示范城市试点，覆盖全国所有省会城市、计划单列市和部分地级市。2022 年 3 月，国务院食安办启动第五批创建城市推荐工作。

2014 年，首批试点省份河北选取石家庄、张家口、唐山 3 个城市作为首批创建城市。2017 年 6 月 29 日，三市顺利通过评审，荣获"国家食品安全示范城市"称号。其后，国务院食安办组织第二批、第三批城市创建工作，未安排河北省参与。2021 年 7 月，启动了首批示范城市复审工作。2021 年 9 月，河北省人民政府食品安全委员会（以下简称"省食安委"）推荐秦皇岛和廊坊参加第四批创建工作。2022 年 3 月，河北省食安委推荐邢台和邯郸参加第五批创建工作。本文试图从河北省参加首批国家食品安全示范城市创建的 3 个市的工作实务着手，全面展示和剖析示范城市创建实效，同时针对创建中实际存在的问题，探索提出加强和改进示范城市创建工作的意见和建议。

二 创建国家食品安全示范城市的重要意义

示范，词义拆开来看，是展示和典范，即展示某一成果，并将其作为典范，供其他主体模仿学习。在中国，示范的主要应用领域之一是政策示范，是指政策制定者在一个或几个行政区域内推行某项公共政策，通过这一方式来宣传和演示其具体内容和执行过程，在此基础上评估政策运行效果，评选示范点，并对成功经验进行推广。[①]

（一）试点与示范的政策效应

中国各级政府部门都会通过各种示范样板，树立社会榜样并形成示范效应。[②] 示范也是政策执行的核心机制之一，可以有效发挥动员政府和社会的双重目的。[③]

示范归评比达标表彰之列，也是过去多年中各级党委、政府大力精简和规范取缔的领域之一。各类评比达标表彰层出不穷，令地

---

① 韩国明、王鹤：《我国公共政策执行的示范方式失效分析——基于示范村建设个案的研究》，《中国行政管理》2012 年第 4 期。

② Bakken B., *The Exemplary Society*：*Human Improvement*，*Social Control*，*and the Dangers of Modernity in China*，New York：Oxford University Press，2000.

③ 叶敏、熊万胜：《"示范"：中国式政策执行的一种核心机制——以 XZ 区的新农村建设过程为例》，《公共管理学报》2013 年第 4 期。

方政府和部门苦不堪言。政府部门之所以对示范钟爱有加，主要原因在于示范可以发挥至关重要的激励、问责和动员作用。① 实际上，国家食品安全示范城市创建也受到了严格的规范和约束。2018年，因党中央对创建事项进行清理规范，国务院食安办暂停对第二批、第三批创建城市的验收工作。2019 年 5 月出台《中共中央、国务院关于深化改革加强食品安全工作的意见》，明确要持续开展创建工作。2020 年 9 月，全国评比达标表彰工作协调小组批准由国务院食安办继续组织实施创建工作，示范城市创建方才得以继续开展。

根据国务院食安办的数据，示范城市创建前后对比明显，食品安全监管现场检查量、食品检验样本量、食品安全检查合格率、查办食品安全案件量、群众对创建工作的支持率和食品安全满意度等指标都有显著提升。②

（二）开展国家食品安全示范城市创建的重要意义

开展国家食品安全示范城市创建活动，蕴含着丰富的内涵和重大意义。

第一，国家食品安全示范城市创建是落实中央决策部署的需要。习近平总书记高度重视食品安全工作，党的十八大以来对食品安全工作作出一系列重要指示批示，强调食品安全是民生，民生与

---

① 马亮、王洪川：《示范城市创建与食品安全感：基于自然实验的政策评估》，《南京社会科学》2018 年第 9 期。

② 李楠：《食品安全城市创建试点将扩大到 100 个》，新华网，2017 年 2 月 27 日，http://www.xinhuanet.com/2016-12-14-c_ 1120536313.htm。

安全联系在一起就是最大政治；确保食品安全是民生工程、民心工程，是各级党委、政府义不容辞之责；要坚持党政同责、标本兼治，切实保障人民群众舌尖上的安全。2019年5月，《中共中央、国务院关于深化改革加强食品安全工作的意见》，明确将食品安全示范城市创建作为食品安全放心工程建设十大攻坚行动之一。同时，完成第二批创建城市评价验收，第一批创建城市复审也被列入国务院食安委近年的食品安全重点工作安排。

第二，创建是落实党政同责要求的需要。近年来，地方党委、政府高度重视食品安全工作。全国食品安全形势持续稳定向好，与地方党委、政府的高度重视密不可分。抓食品安全工作难度非常大，但缺少有效的工作抓手，食品安全示范城市创建工作就是落实党政同责要求、推动食品安全工作的有力抓手。通过创建，各示范城市能进一步健全机制、整合资源、增加投入、提升能力，切实推动食品安全工作水平整体提升。

第三，创建是提升系统治理水平的需要。食品安全点多面广，链条长、主体多。实践经验表明，做好食品安全工作，需要综合运用法律、行政、市场、技术等多种手段；需要充分调动党委、政府、企业、社会组织、公众和新闻媒体等各方面积极性；需要通过一个综合平台和载体整体发力，系统提升食品安全治理水平。近年来，通过创建工作，各示范城市在保障食品安全方面探索总结出许多新举措、新办法和新机制，监管体系进一步完善、监管力量进一步充实、投入保障力度进一步加大、监管能力进一步提高，工作理念由事后处罚向事前预防转变，工作方式由传统监管向智慧监管、信用监管转变，工作机制由分段管理向全程衔接转变。实践证明，

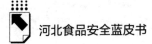

创建工作就是解决当前食品监管突出问题、构建长效监管机制的综合平台、有效载体。

第四，创建是提振经济发展的需要。食品产业是国家特别是河北省的优势传统产业、重要支柱产业。当前经济下行压力较大，食品的刚性需求以及食品产业所体现出的抗周期性特点，必然会吸引大量资本投入这一行业。组织开展好创建工作，营造良好的食品安全环境，可吸引更多的项目和投资，使食品产业成为构建现代产业体系的重要支撑。再进一步讲，抓好创建工作能够推动当地营商环境更加优化，以点及面，产生辐射效应，为地方经济发展注入活力和动力。

三　创建国家食品安全示范城市的现实基础

（一）回顾河北省"十三五"创建成就

第一阶段，启动阶段。早在 2001 年习近平总书记主政福建期间，率先倡导并亲自部署建设食品安全放心工程，加强从"农田到餐桌"全过程风险管理，开创了全国治理"餐桌污染"的先河。2014 年 11 月，为推广"福建经验"，国务院食安委在厦门召开了"治理餐桌污染"现场会，时任副总理汪洋同志出席会议并作重要讲话，安排部署食品安全示范城市创建工作，要求"在全国范围内开展食品安全示范城市创建活动和农产品质量安全示范县创建活动（'双安双创'）"。其目的是以"创建活动"为抓手，发挥地方党委、政府积极性，落实食品安全地方属地责任和生产经营者主体责任，提高全过程监管能力，通过示范引领，带动更多地区乃至全国提升食品安全保障水平，提高群众满意度。2014 年 7 月，国务院食安办印发《关于开展食品安全示范城市创建试点工作的通知》，食品安全示范城市创建以试点形式逐步推开。河北省各级、各层面高度重视，将开展"双安双创"作为落实"四个最严"、治理"餐桌污染"的具体行动，作为加强食品安全的有力抓手。

第二阶段，快速发展阶段。经过多年创建，河北省试点城市结合本地实际，精心组织，大胆实践，坚持党政同责、坚持强基固本、坚持科技支撑、坚持问题导向、坚持共建共享，党委、政府对食品安全工作重视程度大幅提升，部门协作能力大幅提升，群众满意度大幅提升，保障能力大幅提升，监管效能大幅提升，2017 年 6 月，石家庄等 3 个首批创建试点城市被授予"国家食品安全示范城市"称号，创建工作取得了明显成效。

通过示范创建，3 个城市的食品安全工作实现了"三个转变"：一是工作理念由事后处罚向事前预防转变。创建城市坚持"产""管"并举、关口前移，在规模以上食品企业普遍推行HACCP 等质量管理体系认证，93% 的餐饮单位达到"清洁厨房"标准；学校食堂量化等级优良率达到 98.48%，"明厨亮灶"覆盖率达到 99.68%；各市和各县（市）主城区食品小摊点进入政府划定区域分别达 90% 和 70%。二是工作方式由传统监管向智慧监管转变。创建城市充分发挥大数据、物联网等信息技术优势，探索推进智慧监管，大大提高了监管水平和效率，也降低了监管工作成本。三是工作机制由分段管理向全程链接转变。创建城市紧紧围绕一、二、三产业融合发展，推动食用农产品产地准出与市

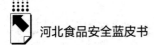

场准入有效衔接，建立了"农超对接""农餐对接""场厂挂钩"等产销对接机制，加强了种植养殖、生产加工、流通消费、餐饮服务等领域的融合，形成了环环相扣、层层溯源的全过程质量安全管理体系。

石家庄市着力实现了"三个强化""三个提高""三方满意"，即食品生产经营者的主体责任，监管部门的监管责任，党委、政府的属地管理责任明显强化；食品生产经营者、从业人员、消费者的食品安全意识明显提高；创建工作达到了社会公众、食品生产经营者、政府三方满意的效果。从调查测评来看，省食安办和该市自行组织的第三方机构进行了调查测评，群众食品安全满意度从创建初期的67.9%增长到了2020年的83.73%，并且持续稳定在80%以上。从国家食品安全抽检结果来看，该市食品评价性抽检合格率持续稳定在98%以上，保持了食品安全形势持续稳定向好的良好局面。

张家口市着力压实各级责任，强化风险排查，加强源头治理，深入开展专项整治，全力构建"全领域、全链条、全覆盖、可信赖"的食品安全保障体系。一是加强源头治理。严格实施农用地土壤环境分类管理，全市安全利用类耕地和严格管控类耕地已实现100%管控。推进绿色防控、统防统治和农药减量增效，2020年全市农药使用量降低6.56%，主要农作物病虫害统防统治、绿色防控、农药利用覆盖率分别达到40%、31%、40%以上。严格执行病死动物及畜禽屠宰废弃物无害化处理，共建设了5个收集中心、4个区域性处理厂，实现市、县、乡、村四级病死畜禽无害化处理全覆盖。二是加强全程监管。全市480家食品生产企业全部建立了食品安全追溯体系，全部规模以上企业和 31 家规下企业建立了 HACCP 等食品安全质量管理体系。128 家大中型超市开展了食品销售公开承诺活动，创建了 8 家省级"放心肉菜示范超市"和 32 家省级"食用农产品集中交易市场"。全市 1683 家大型餐饮服务单位、学校食堂进行了"互联网+明厨亮灶"改造，705 家学校食堂实现了全覆盖，餐饮服务单位良好以上等级比例达到 92%。三是加强抽检监测。2018 年至 2021 年 9 月，累计开展食品抽检监测 5.83 万批次，问题发现率达 1.9%；开展食品安全风险监测 4899 份，检测项目 5.53 万项次，上报食源性疾病病例 1.2 万例；检测农产品和农业投入品 6.45 万批次，合格率达 99.9%。不合格产品全部依法进行了核查处置。

唐山市变化主要体现在三个方面。一是食品安全工作全省前列的地位持续巩固。该市成功创建成为全省唯一的国家农产品质量安全城市，也成为全国 4 个"双安双创"示范城市之一；创建成功后，该市于 2017 年 7 月承办了全省唯一一次省政府层面的"双安双创"现场会；先后与来访的北京、珠海、中山、乌鲁木齐、长沙等 20 个省内外城市的来宾进行了交流；夯实了食品安全工作基础，在省政府食品安全考核中蝉联 A 级等级。二是食品产业投资环境得到改善。创建成功后，中国供销集团、北京首农集团、天津食品集团等央企省企慕名而来；在承接北京非首都功能转移中，推进滦南（北京）大健康产业园和玉田中华老字号食品基地落地。三是食品安全基础保障进一步夯实。发展 10 个优势特色产业，培育 10 个食品加工产业集群，打造 12 个省级现代精品农业园区、21 个省级现代农业园区，建设 5 个食品产业园区，拥有绿色食品认证企业 89 家、产品 157 个；有机认证食品企业 45 家、证书 78 张；食品领域中国驰名商标 10 件、地理标志保护产品 8 件，地理标志商标累计达到 38 件；获中华老字号食品品牌 5 个。

第三阶段，重启和提升质量阶段。2018 年，因党中央对创建事项进行清理规范，第二批、第三批创建城市验收工作未能组织开展。2020 年 9 月，全国评比达标表彰工作协调小组批准继续开展国家食品安全示范城市创建工作。2020 年 12 月，国务院食安办在福州举办国家食品安全示范城市创建暨食品安全评议考核培训班，重新启动国家食品安全示范城市创建工作。按照国务院食安办 2021 年 7 月发布的《国家食品安全示范城市评价与管理办法》，每 3 年为一个创建周期，包括省级推荐、城市创建、省级初评、国家验收 4 个环节。一是省级推荐。省食安委确定创建推荐城市，于每个评价周期第 1 年 3 月底前，报国务院食安办备案。二是城市创建。推荐城市组织开展创建工作，于每个评价周期第 2 年 12 月底前进行自查并公示 15 天后，向省食安委提交初评申请、自查报告等材料。三是省级初评。省食安委于每个评价周期第 3 年 6 月底前组织进行初评检查并公示 15 天后，择优确定国家食品安全示范提名城市。四是国家验收。国务院食安办于每个评价周期第 3 年 12 月底前，通过满意度测评、资料审查和现场检查、综合评议、社会公示等程序完成国家验收，报国务院食安委批准后，进行命名授牌。2021 年 7～9 月，石家庄、张家口、唐山三市参加了国务院食安办组织的首批国家食品安全示范城市复审工作。国家食品安全示范城市创建工作步入常态化实施和推动实现高质量发展阶段。

（二）"十四五"时期面临的形势

党的十九大对新时代推进中国特色社会主义伟大事业作了全面部署，明确提出要实施食品安全战略，让人民吃得放心。将食品安全工作提升到国家战略，既是对食品安全工作的全新定位，赋予其更丰富的时代内涵，也对做好新时代食品安全工作提出了更高要求。

党的十九大报告提出，我国社会主要矛盾已经转化为人民日益增长的美好生活需要和不平衡不充分的发展之间的矛盾。新时代社会主要矛盾的变化意味着解决温饱后，吃得更安全、更健康成为人民的追求，意味着人民群众对高品质的追求与我们生产不平衡的矛盾日益凸显，也意味着我们虽然做了大量工作，但与人民的期盼还有差距。所以，治理体系和治理能力提升是我们今后一个时期的迫切任务。做好新时代的食品安全工作，要坚持以人民为中心的发展理念，着力解决这些发展不平衡不充分的问题，努力让人民群众吃得安全、吃得放心，使人民群众的获得感、幸福感、安全感更加充实、更有保障、更可持续。

党的十九大报告提出，必须坚持质量第一、效益优先，以供给侧结构性改革为主线，推动经济发展质量变革、效率变革、动力变革。河北省是农业大省、食品产业大省，虽然近年来质量安全水平总体上稳中向好，但"大而不强"的状况没有从根本上改观，与质量安全要求还有一定的差距，这是典型的供给侧问题。食品安全工作必须牢牢把握我国社会发展的阶段性特征，坚持以人民为中心，强化源头严防、过程严管、风险严控，实施更高质量、更有效率、更加公平的监管，提供更高品质的服务，从"铺摊子"到"上台阶"，确保河北省食品企业在"四个最严"中不掉队，在供给侧结构性改革中抢先机，在转型升级中有作为，为全面加快建设新时代经济强省、美丽河北增添新的动力。

河北作为首都"护城河"，承担着京津冀协同发展、雄安新区建设、暑期旅游旺季保障等重大任务，特殊区位、特殊使命凸显了该省确保食品安全的极端重要性。河北省应从贯彻习近平新时代中国特色社会主义思想，落实习近平总书记重要指示批示精神和党中央、国务院决策部署的高度，充分认识创建工作的重要意义，切实增强做好创建工作的责任感和使命感。充分发挥地方党委、政府积极性，落实食品安全属地责任和企业主体责任，动员社会广泛参与，形成可复制、可推广的经验做法，进一步完善食品安全治理体系，提高食品安全治理能力，提升人民群众的安全感和获得感。

四 首批授牌国家食品安全示范城市创建经验

（一）始终坚持把"党政同责"作为推动工作的根本

党政同责是习近平总书记提出的明确要求，也是创建城市反复证明行之有效的实践经验。党政同责的工作内涵特别丰富，各地自觉将创建工作打造成落实党政同责的平台，深入落实中共中央办公厅、国务院办公厅《地方党政领导干部食品安全责任制规定》和河北省委办公厅、省政府办公厅《关于落实食品安全党政同责的意见》，强化地方党委领导责任、政府属地管理责任、部门监管责任，明确本地区有什么突出问题要去解决，需要重点推进哪些工作。各创建市积极争取，以落实"党政同责"为抓手和契机，把创建工作列为"一把手"工程来抓，书记、市长亲自挂帅，省、市、县、乡层层签订责任书，一级抓一级。石家庄市全市所有乡镇（街道）均建立了食安办，村（居）委会配备相应数量的食品安全监管（协管）员，明确了工作职责，构建了市、县、乡、村"四位一体"的食品安全管理体系。张家口市创新工作举措，建立了"定事、定人、定时、定质"工作原则和市督查办、市食安办"双督办"工作机制，为全面抓细、抓实各项工作再上一道监督保障。唐山市构筑了"市委市政府牵头抓总、市委市政府督查室实施督查、责任部门承接任务"的组织模式，"市级督查、专项督查、具体事项督办"的督查督办方式，"开展督查督办、通报督查结果、落实问题整改"的督查督办流程。各创建城市党委、政府"守土有责"意识显著增强，监管力量、工作经费、执法装备、检查检验、案件查办等各方面水平均有较大幅度提升。

（二）始终坚持把人民满意作为衡量工作的标准

"金杯银杯，不如老百姓的口碑"。各创建市坚持"社会认可、群众满意"的评判标准，加强能力建设、信息化建设，推动监管创新。充分调动社会各界参与创建活动的积极性，夯实创建工作基础。实施网格化管理，运用信息化手段，提升监管效率，将"两个创建"打造成推动社会共治的平台。开展行业培训，让生产经营者有一定时间学习生产经营规范和风险预防控制规则。开展好"食品安全宣传周"等宣传活动，解读重要政策，传播科学观念，提高消费者自我保护能力。完善投诉举报机制，实施企业内部"吹哨人"制度；深化食品安全责任保险试点；健全工作约谈等制度，加大失信联合惩戒力度，落实企业主体责任。在媒体上推进创建公示，向社会公开征询意见，接受社会监督，集中体现了以人民为中心的发展思想，公众食品安全知晓率不断提升，创建参与度持续攀升，赢得了群众的拥护和信任。首批授牌的示范城市，食品安全群众满意度较创建前平均提高了约 10 个百分点。石家庄市会同中国食品安全指数研究工程办公室、中国人民大学、河北农业大学等单位，开展了"中国食品安全指数（CFSI）指标体系构建研究"和"食品安全社会公众综合满意度测评指标体系"课题研究工作；近三年，结合研究成果，开展食品安全社会公众综合满意度调查工作，成功地应用于对各县（市、区）食品安全年度绩效考核、制定下一年度食品安全重点工作、提升食品安全重点监管工作水平和回应社会关切、了解公众重点关注的食品安全问题。张家口市加强食品药品安全科普基地建设，着力实现"市有科普基地、县有科普公园、乡有科普站、村有宣传栏"建设目标，目前已完成了40%的建设任务；整合"12315""12331"投诉举报热线，实施食品安全有奖举报，对群众举报食品安全投诉举报线索100%进行查处和反馈。唐山市出台《关于加强食品安全社会监督的指导意见》，完善社会监督网络，激发多元社会力量共同参与食品安全治理；组建食品安全专家委员会，充分发挥专家智库在食品安全应急处置、安全技术等方面的重要作用；建立全市首批2283人的食品安全志愿者队伍，开展食品安全社会监督、科普宣传、志愿服务等公益活动；通过邀请人大代表、政协委员、媒体、消费者暗访、旁听食品安全案件庭审等形式，不断深化食品安全社会共治格局；率先在全省完成"12315"投诉举报平台"五线合一"，2018 年以来受理食品安全投诉举报 9346 件，处置率、回复率均为 100%。

（三）始终坚持把改革创新作为提升效能的引擎

各创建市注重从实际出发，在制度、机制、手段等多方面进行探索，重视法规制度建设，创新方式方法，健全食品安全治理长效机制，把创建工作打造成攻坚克难的平台，坚持源头管控，以产地环境和投入品治理为切入点，坚持"抓大管小"，最大限度地保障食品安全。加快构建统一权威的食品安全监管体系，实行市场监管综合执法的地方，切实把保障食品安全作为首要责任。紧紧围绕食品安全工作中的主要矛盾和问题，坚持问题导向，创新监管理念，改进监管方式，大胆探索创新符合国家要求、具有河北特色的食品安全工作新模式、新机制。建立和完善创建工作的激励和监督机制，注重调动地方的积极性和创造性。石家庄市将食品安全纳入对县（市、区）党委、政府年度综合目标考核指标体系，每年印发《县（市、区）、市直部门、市委市政府派出机构领导班子综合考核评价体系和绩效考核评价体系》，考核权重从创建前的 1.33% 提高至 3%，调动各县（市、区）食品安全工作的积极性。张家口市加强对各县区党委、政府食品安全工作的考核评议，年度考核权重达到 4% 以上，并制定实施了尽职奖励、失职问责的食品安全奖惩工作机制。唐山市考核结果按照 3% 以上的权重纳入地方党政领导班子和领导干部政绩考核。同时按照省有关文件要求，将县（市、区）考评得分报省食安办。针对各地考核情况逐个梳理问题清单，督促指导各地做好问题整改。

（四）始终坚持把基层基础作为防范风险的基石

基础不牢，地动山摇。各创建市立足强基固本，把创建工作打造成强化基层基础的平台，创造条件强化平台建设，不断加大人、财、物等方面的投入力度，强弱项、补短板、防风险。重点争取设立支持食品安全示范城市创建的专项资金，促进用于食品安全的财政投入同比大幅增长，强化食品安全风险监测、检验检测、应急处置、追溯体系等技术支撑体系建设，有效地防范了风险。加强基层站所标准化建设，加强设施装备保障，落实有关建设标准，逐步实现各级特别是基层食品监管机构的业务用房、执法车辆和监管装备设施配备标准化。大力推进农业和食品产业标准化、规模化、品牌化，筑牢基层监管基础。针对食品安全工作基层基础薄弱、监管力量不足、安全隐患较多等难题，石家庄市积极创新监管模式，按照属地管理、分级负责的工作原则，加强基层基础，延伸监管触角，下沉监管重心，构建了 23 个一级网格、269 个二级网格和 4729 个三级网格，构筑起覆盖县、乡、村三级，横向到边、纵向到底的食品安全管理网络，实现了关口前移、重心下移，有效保障了全市食品安全。张家口市着力推进基层电子网格化监管，完成了网格软件系统定格定员及监管对象基础信息的录入工作，运用于日常监管，市、区两级建成智慧食药监管指挥平台，研发并应用推广食品药品监督执法系统，实现对监管人员现场检查的实时调度、对生产经营单位运营情况的实时监控、对监管信息的实时传输。唐山市市级层面将分散在多部门的 7 个食品安全检验检测机构进行整合，组建唐山市食品药品综合检验检测中心，为副县级公益一类事业单位，目前是全国唯一获批筹建农业农村部部级质检中心的地市级检测机构，检验参数达到 2455 项；食品安全年抽检数量已经达到了 5.8 批次/千人，大幅超过了省级要求的 4 批次/千人；积极构筑由政府统一领导、部门协调联动、监管无缝衔接的纵向到底、横向到边、统一高效的县、乡、村三级食品监管网络体系，做到"定格、定岗、定员、定责"。

（五）把创建工作打造成助推产业升级的平台

深化"放管服"改革，坚持简政放权，服务发展。建立"负面清单"制度，加强对重点自主品牌、特色中小食品品牌的跟踪培育。制定雄安新区企业入区标准，协助制定冬奥会餐饮保障规划，支持北戴河生命健康产业创新示范区建设。石家庄市将科技创新作为保障食品安全的重要抓手，持续在加强产学研合作上下功夫，以科技助力食品产业升级，先后与中国科学院等科研院所开展合作，推动农业产业升级，加速科研成果转化。例如，大白菜用种量减少 80%，节水 25%，亩增效益 550 元；藁城区优质大豆绿色高产高效示范基地平均亩产翻一番，万亩规模生产大豆实现我国新突破；该市共发布市级地方标准 61 项、团体标准 92 项，数量在全国领先。建设了一批投资规模大，一、二、三产业融合度高，辐射带动力强的重点项目，目前已有 14 个示范区项目（国家级 9 个、省级 5 个）通过考核验收。张家口市积极引导市场投入，推进食品产业重点项目建设，投资 5 亿元在万全区建成了张家口新合作农产品物流园，投资 3.8 亿元在经开区改建了察哈尔农贸中心，投资 1000 多万元在宣化区新建了双盛农贸市场，提升全市食品经营标准化、集约化、产业化水平。唐山市聚焦当前发展迅速的生命健康产业，积极发展有机食品、绿色食品、绿色健康饮品以及功能保健食品，打造辐射京津的生命健康产业基地，促进食品产业转型升级。

各创建市坚持强化督导调度，统筹建立督导、调度、检查的工作班子，有自己的大督查体系，职责分工细致明确。唐山市政府专门成立"一办九部"（一个创建办，下设九个工作部），有力有序推进创建开展，在通过国家中期绩效评估的基础上开启每月"一调度、一排名、一公开"的高强度推进模式。进入复审阶段后，市政府将复审工作作为"一把手"工程，组建复审阶段组织领导机构，印发《唐山市国家食品安全示范城市复审攻坚实施方案》。市政府主要负责人员、分管负责人员先后 5 次召开会议动员部署、协调推进。市创建办将复审细则 94 项目标任务逐项分解到 32 个市直部门和 19 个开发区（管理区），并通过组织自评、召开协调推进会、督导督促等多种形式推进各项指标落实落地。

五　创建国家食品安全示范城市存在的主要问题

（一）源头治理上还需进一步整治

各创建市均属于农业大市，源头治理任务繁重，特别是当前农兽药使用法律法规约束不足，个别种养殖单位为追求利益最大化，滥用农药、兽药，食用蔬果农残超标、农兽药残留的风险依然存在，土壤环境污染对食品供给危害以及境外食品、农产品输入性风险等不容忽视。

（二）企业落实主体责任还需进一步加强

受经济发展水平、居民收入水平和群众消费习惯等因素影响，食品市场资源配置仍不够合理，食品生产经营企业数量庞大，但整体水平不高，食品深加工、精加工产业规模不大，分散化、小型化食品经营业态和小作坊、小摊贩、小餐饮等"三小"业态长期存在，食品生产经营从业人员素质不高，食品安全意识偏低，加之跨境电商、网络订餐、食品销售等新业态不断涌现，主体责任落实不到位，监管工作点多、面广、难度大，整体规范化、标准化程度还有待提升。

（三）社会多元共治格局还需进一步完善

食品安全示范城市创建活动是复杂的社会系统工程，必须坚持多元治理的思路，发挥行业协会、公众等社会力量的作用。消费者食品安全意识不强，在运用舆论监督、风险交流、志愿服务等手段方面还需加大研究力度，在宣传食品安全科普知识、食品安全监管成效等方面还需加大力度，推动企业自律、行业监管、公众参与的食品安全社会共治格局工作还有待完善。

（四）监管能力水平还需进一步提升

面对食品安全新形势和日益繁杂的监管任务，基层监管力量相对薄弱，执法人员专业化水平、食品安全治理体系和治理能力还需进一步提升。在食品安全项目建设、检验资源整合、扶持产业发展

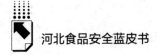

方面力度还不够大、方法还不够多。食品安全监管手段相对单一，科技程度、信息化程度还有待加强；监管资源分配不均、基层监督网络作用不明显等问题还没有从根本上解决。需进一步创新监管手段，拓展智慧监管深度和广度，更好地提高食品安全监管效能。

（五）协同推动创建工作机制还要进一步健全

有抓创建工作的班子，但督促落实的力度不够，工作进展不平衡；有创建工作的机构，但部门参与度不高，主要还是市场监管部门"单打独斗"；有创建工作的标准，但仍然以常规动作、惯性思维抓工作，开拓创新方面缺乏思路和抓手，与先进地区相比还有一定差距；有相关系统，但可操作性差，实用性不强，不出彩；有创建氛围，但社会知晓度、影响力有待进一步提升。

六　高质量创建国家食品安全示范城市建议

国务院食安办出台《国家食品安全示范城市评价与管理办法》（以下简称《评价管理办法》）、《国家食品安全示范城市评价细则》（以下简称《评价细则》），明确了创建的程序、评价内容和方式，以及评价验收、复审的进度安排。要因时因地制宜，持续优化城市创建程序和评价指标体系。

（一）总体工作要求

各创建城市要把创建作为提高能力、落实责任、提升群众满意度的重要抓手，持续加大投入力度，动员社会广泛参与，力争通过创建，使本地区的食品安全保障水平上一个大台阶。

一要加强组织领导。评价验收和复审城市政府及食安委要高度重视评审工作，建立健全评价验收和复审工作机制，确保评价验收和复审工作有序进行。

二要精心准备评审。创建城市政府要认真组织开展城市自查；在规定时间内向省食安委提交真实准确的自查报告；按照省食安委有关要求，认真准备相关资料，配合做好党政领导访谈、现场检查等工作。

三要确保评审质量。省食安委认真组织省级初评和省级复审，严格按照《国家食品安全示范城市评价细则》和省级评审操作指南开展评审工作，在规定时间内向国务院食安办提交真实准确的评审报告。

四要严肃评审纪律。创建城市政府要对自查的真实性、准确性负责，在评价验收和复审工作中要如实介绍情况，提供相关资料，不得弄虚作假，干扰评价验收和复审工作。省食安委对省级初评和省级复审的真实性、准确性负责，严格遵守评审工作纪律，严格执行中央八项规定精神，杜绝各种形式主义和增加基层负担的行为，确保评价验收和复审工作公平公正、实事求是。

（二）把握程序安排

《国家食品安全示范城市评价与管理办法》明确指出，评价验收必须经过城市创建、省级初评、国家验收三个程序，复审必须经过省级复审、国家抽查两个程序。

《国家食品安全示范城市评价细则》前三部分评价内容包括基础工作、能力建设、生产经营状况，根据省级评审结果、近三年省

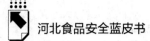

级对创建城市的评议考核结果排名、国家抽查情况和日常掌握情况进行评价。《国家食品安全示范城市评价细则》后三个部分包括食品安全状况、示范引领的评价以及否决事项的认定，由国家层面组织验收和抽查。主要考虑的是在客观现状的基础上，强化国家、社会和群众评价，将客观现状和主观评价相结合，力争使评价结果更加公平公正、准确全面。

（三）时间节点要求

石家庄、张家口、唐山 3 个市近三年的主要任务是迎接省级跟踪评价，省食安办将于每年下半年进行，跟踪评价以暗访为主。秦皇岛、廊坊两市 2022 年底前要向省食安委提交初评申请和自查报告，2023 年 6 月底前接受省级初评，12 月底前迎接国家验收。邢台、邯郸两市 2023 年底前向省食安委提交初评申请和自查报告，2024 年 6 月底前接受省级初评，12 月底前将迎接国家验收。省食安办将把全省域创建情况纳入本年度对各市政府的考核评价内容。

（四）创建验收要求

创建验收方式为领导访谈、资料审查、现场检查、集中答辩等。创建工作验收内容共 6 大部分、36 项评价要点、94 项评价内容。一是基础工作（30 分）。共 11 项评价要点、40 项评价内容，主要对党政同责、工作机制、法规制度、风险监测、源头治理、粮食质量、过程监管、食品抽检、执法办案、集中整治、社会共治等内容进行评价。二是能力建设（15 分）。共 7 项评价要点、14 项评价内容，主要对投入保障、基层装备、监管专业、检验检测、应急处置、风险交流、科技支撑等内容进行评价。三是生产经营状况（15分）。共5项评价要点、18项评价内容，主要对管理责任、过程控制、产品追溯、责任保险、诚信文化等内容进行考核评价。四是食品安全状况（20分）。共3项评价要点、3项评价内容，主要对群众满意度、创建知晓率、抽检合格度等内容进行评价。五是示范引领（40分）。共10项评价要点、14项评价内容，主要对信用监管、智慧监管、机制创新、"三小"治理、农村食品安全综合治理、学校食堂"互联网+明厨亮灶"、科技创新、高质量发展、社会共治、其他创新举措等内容进行评价。六是否决项。分别是党政领导干部未严格落实《地方党政领导干部食品安全责任制规定》明确的工作职责；三年内发生重大及以上食品安全事故；三年内发生农药、兽药残留超标，非法添加，校园食品安全等事件，引发广泛关注，造成严重不良社会影响；群众食品满意度未达到80分；食品评价性抽检合格率未达到98%。省级初评内容和方式与国家验收保持高度一致，但标准将更为严格。

第一，要聚焦群众关切。群众满意、社会认可是示范城市创建的根本要求。《国家食品安全示范城市评价细则》提出，群众满意度要达到80分以上，食品安全示范创建工作知晓率要达到85%以上，这是一个地方食品安全创建水平的综合体现。各地既要采取有力措施解决群众关切，取得令人信服的成绩，得到群众的真心认可；也要广泛宣传食品安全工作成效，共同营造示范城市创建的良好氛围。

第二，要全面查缺补漏。各创建城市积极发挥主观能动性，对照国家要求，全面主动查找存在差距和不足，省食安办发挥督促指导作用，集中力量、集中时间，补短板、强弱项，确保各项工作达到标准。

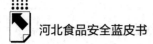

第三，要守住安全底线。创建是提升工作水平、拉高线的一个重要举措，绝对不能一边搞创建，另一边食品安全出了问题。《国家食品安全示范城市评价细则》列出的否决事项就是为了防止这种情况发生。对三年内发生重大及以上食品安全事故；三年内发生农药、兽药残留超标，非法添加，校园食品安全等事件，引发广泛关注，造成严重不良社会影响；食品评价性抽检合格率未达到98%的，都要一票否决。这是国家食品安全示范城市的底线要求，坚决防止发生。

（五）创建工作建议

一要坚持人民立场，坚决落实党政同责。创建是一项"为了人民"也必须"依靠人民"才能做好的工作，群众满意度是创建成功与否的根本标准。群众满意度既是国家食品安全示范城市创建工作的出发点，也是落脚点。群众满意度和创建知晓率体现了群众对创建工作的认可程度。《国家食品安全示范城市评价细则》明确了群众满意度和创建工作知晓率的量化指标，这就要求各地必须把解决群众关切的重点、难点问题贯穿到创建工作的始终，多做群众看得见、摸得着的小事实事，杜绝为创建而创建的形式主义、面子工程，让群众真正感受到创建带来的成效和变化。做好食品安全工作，必须坚持和加强党的领导。各级党委、政府要从政治高度对待食品安全问题，严格落实《地方党政领导干部食品安全责任制规定》，将创建工作纳入党委、政府重要议事日程，切实担负起保障食品安全的政治责任。加强组织领导和统筹推进，建立健全经费保障、督导检查、动态评估等工作制度，健全与食品安全监管职责相匹配的财政经费投入保障机制，加强监管基础设施建设和装备配备，确保监管部门有足够资源和能力履行好食品安全监管的首要职责。各创建市食安办要充分发挥参谋助手作用，多向党委、政府请示报告，汇报工作进展和存在问题，及时提出务实建议和创新举措，定期调度，强化督导，推动创建工作目标任务落实落地。

二要强化主体责任，服务产业转型升级。要以标准和制度引领，督促各环节食品生产经营企业落实主体责任。用"最严厉的处罚"解决好"守法意识不强、违法成本低"的问题。特别是在食品"三小"监管上求突破，加强"三小"业态治理，创新监管措施，强化综合治理和日常监管，提高"三小"业态整体水平。坚持质量第一、效益优先，以供给侧结构性改革为主线，通过创建，推进食品工业结构调整和转型升级，为消费者提供更多、更安全的食品和餐饮服务。突出绿色优质安全导向，深入开展农村食品安全综合治理、学校食堂"互联网+明厨亮灶"等活动，顺应人民群众对更安全、更健康、更有营养食品的向往，通过市场化手段调动生产者提高供给质量的积极性，满足人民群众多样化、多层次的饮食需求。依托大米、板栗、罐头、熟食等现有的规模特色食品加工业，深度挖潜、横向拓面、复制经验、规模推广，提升产业链整体质量水平。聚焦当前发展迅速的生命健康产业，积极发展有机食品、绿色食品、绿色健康饮品以及功能保健食品，打造辐射京津的生命健康产业基地，在京津冀协同发展、跨境电子商务综合试验区等重大国家战略落实中统筹推进食品产业发展，促进食品产业转型升级。

三要坚持精准发力，破解难题，守牢底线。近年来，食品安全领域的新业态、新技术、新模式对监管工作提出不少新挑战。破解这些挑战和难题，需要在理念、制度和实践层面进行创新。要通过创建，持续增加投入，夯实基层基础，加强监管机构建设，实现装备配备标准化，进一步提升监管专业化能力、技术支撑能力、风险防控和应急处置能力，破解制约当前食品安全工作向纵深推进的人、财、物保障和基层工作基础等瓶颈和难题，不断推进食品安全治理能力现代化。以食品安全智慧监管、信用体系建设、专业化队伍建设等为抓手，把创新举措、治理路径转化为长效工作机制。加强各级食安办的标准化建设，配齐配强食品安全组织协调力量。以各级各部门监管力量为主体，以网格化监管体系为支撑，采取层级联动、部门协同、疏堵结合的方式集中整治无证经营、非法添加、私屠滥宰等违法违规行为，保持严惩重处高压态势。要勇于改革创新，加快监管手段创新，推广应用物联网、大数据等新技术，加快检验检测资源整合进度，构建"严管"加"巧管"的监管新局面。建立健全以"双随机、一公开"监管为基本手段、以重点监管为补充、以信用监管为基础的新型监管机制，完善信用风险分级分类监管机制，实现信用风险等级动态调整，对不同信用风险等级主体采取差异化监管措施，提高对高风险品种、重点区域和高风险企业的抽验比例和频次，对问题线索企业实施飞行检查，倒逼生产经营者落实主体责任。

四要促进社会共治，统筹部门工作合力。坚持法治、德治、自治相结合，把文化的软约束和监管的硬杠杠结合起来，推动形成尚德守法、共治共享的食品安全文化，通过行政约束、法律约束、良心约束，规范食品生产经营行为。要发挥好食品行业协会作用，加强行业自我管理、自我评价、自我监督。要发挥好新闻媒体作用，鼓励公众参与监督，加强食品安全知识科普，运用新技术抵制谣言。要创新方法路径，充分发挥快手、抖音、微信公众号等新媒体社交平台的宣传作用，组织协调各相关监管部门主动发布权威信息，畅通投诉举报，打击造谣传谣、虚假宣传行为。加强食品安全风险交流与科普宣传，将食品安全宣传特别是创城复审宣传融入日常监管，找准新媒体与食品安全宣传工作的契合点，强化创城复审工作成效的宣传报道。进一步优化满意度测评指标体系，找准薄弱环节，有针对性地开展工作，进一步提升公众对食品安全工作的知晓率、支持率和满意度。要在创建过程中，强化协调联动，多考虑怎么搞协调、抓联动，充分挖掘相关领域资源和力量，充分调动各部门参与创建的积极性，合力推动工作落实。要调动更多力量加强监督，积极营造人人关心食品安全、人人参与食品安全治理的浓厚氛围，建立健全食品安全共建共治共享大格局。

创建的目的是提升，示范的作用是带动。这些工作，创建城市应该先行一步、作出表率。已命名授牌城市要始终保持危机意识，先行先试、走在前列，不断拓展创建的广度、深度，辐射引领全省食品安全工作水平整体提升。

B.10
京津冀食品安全问题协同治理研究

柴振国 李会宣*

摘　要： 当前，京津冀区域内食品安全问题呈现明显区域特性。为
　　　　了全面实施食品安全战略和京津冀区域协调发展战略，推
　　　　进区域食品安全协同治理制度建设、体制体系建设，并提
　　　　升治理水平，本文提出京津冀区域内以协同治理机制为统
　　　　领，做好顶层设计，完善食品安全相关法律法规，构建区
　　　　域内统一行政执法程序，提高食品安全问题的协同治理
　　　　能力。

关键词： 京津冀　食品安全　协同治理　行政执法

"民以食为天，食以安为先"，食品安全关系着民生，又与经
济进步和社会稳定密切相关。温家宝同志曾指出，食品药品安全是
人民群众最关心、最直接、最现实的利益问题，是需要常抓不懈、
不可有丝毫放松的重大民生问题。有关食品安全，《食品安全法》
定义为食品无毒、无害，符合应当有的营养要求，对人体健康不造
成任何急性、亚急性或者慢性危害。食品安全问题也同样关系群众

---

* 柴振国，河北经贸大学；李会宣，河北经贸大学法学院副教授。

福祉。近年来，党和国家高度重视食品安全，相继出台了一系列法律法规，将食品安全上升到国家战略的高度，提出"实施食品安全战略"。加强对食品和药品的安全监管作用，习近平总书记强调"四个最严"，即用最严谨的标准、最严格的监管、最严厉的处罚、最严肃的问责，严控从食品生产经营者到消费者、从农田到餐桌的每一道防线，确保食品安全，确保食品市场的长治久安。但同时，食品安全领域内的不规范行为甚至违法行为仍未完全杜绝，尤其是近年来外卖平台的日益火爆，带来了很多新型食品安全事件。

以北京为核心的京津冀区域同样面临较为严峻的食品安全问题。京津冀区域中北京、天津两城市，对周边区域的人力、财力、物力、信息资源等有着巨大的吸纳能力，产生了以京、津为核心的集聚效应。京津核心外围，即环京津周边的河北地区，则形成了服务京津核心区域的人群集聚区以及由此产生的低端产业带。京津冀区域内的食品安全事件多是从业人群和生产加工点分散围绕在京津中心的外围区域，京津中心则处于销售的末端。①

在习近平新时代中国特色社会主义思想指导下，为了解决京津冀区域经济社会发展不平衡问题，增强区域发展平衡性和协调性，以习近平同志为核心的党中央提出京津冀区域协同发展是一个重大国家战略，这也为在京津冀区域协同发展战略下确保食品安全提供了新的思路和指导。②

---

① 陈涛、陈飞羽：《京津冀区域食品药品犯罪治理研究》，《北京警察学院学报》2020 年第 2 期。

② 任甜甜：《京津冀食品安全监管效率研究》，河北经贸大学硕士学位论文，2017。

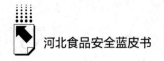
一 京津冀食品安全现状分析

近年来，中央及京津冀各级食品药品安全职能部门高度重视食品安全问题，京津冀区域食品安全问题明显改观，趋势不断向好。但不能否认的是，食品安全问题并未完全杜绝，具体表现为以下几个方面。

（一）典型食品安全事件仍时有发生

由于影响食品安全生产的因素众多，并且存在不确定性，尤其是随着网络平台订餐、网红食品等新兴产业的发展，传统监管手段不能做到面面俱到，食品生产、经营以及销售过程发生一些影响面广、严重性强的食品安全事件。2021 年 1 月至 12 月，国家市场监管总局及地方（省、自治区、直辖市）各级市场监管部门共抽检食品及食品相关产品 31 个品类，共 1030819 批次，其中抽检合格样品 1012509 批次，不合格样品 18310 批次，抽检合格率为 98.22%。抽检结果表明，可可及焙烤咖啡产品依旧保持 100% 的合格率，茶叶及相关制品合格率没有变化，16 个品类有不同程度的上浮，13 个品类有不同程度的下降。[①] 食品安全虽然整体状况良好，但不可否认，食品安全问题依然存在。2021 年抽检发现的主要问题是质量指标不合格、微生物指标不合格、违规使用食品添加剂、农药残留超标、兽药残留超标或检出禁用兽药及污染物超标

---

① 监督抽检数据查询分析系统，食品伙伴网。

等。食品安全形势总体平稳，但仍需要进一步加强监管，改革监管方式，提高监管效率。

（二）食品安全事件呈现区域不平衡

在京津冀协同发展战略下，北京实施人口和产业疏解政策，大量的人口和产业按照一定的趋势向天津和河北疏散，进一步固化了产业链条的分工。[①] 尤其是河北省，大量承担着食品生产和贮存的功能，并且由于整体发展水平和企业生产能力的约束，食品安全事件明显多于京津地区。2020 年第四季度京津冀地区共抽检食品及食品相关产品 29246 批次，其中北京市抽检 19552 批次，不合格产品 190 批次，不合格率 0.97%；天津市抽检 504 批次，不合格产品 6 批次，不合格率 1.19%；河北省抽检 9190 批次，不合格 198 批次，不合格率 2.15%。可以看出，北京的抽检批次最多、安全状况最好，河北的抽检批次居中，但风险明显高于其他两地。[②]

（三）安全风险类别不一致

通过对京津冀三地问题产品的风险指标分析发现，涉及的不合格项目种类包括微生物、添加剂、农药、兽药、质量指标、污染物和生物毒素共 7 大类。其中，微生物污染是导致京津冀地区产品不合格的主要原因，但每个省市的主要风险又各有特点。除此之外，

---

① 陈涛、陈飞羽：《京津冀区域食品药品犯罪治理研究》，《北京警察学院学报》 2020 年第 2 期。
② 监督抽检数据查询分析系统，食品伙伴网。

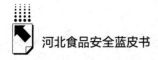
北京地区还存在农药残留问题，而河北省比较突出的安全风险类别是食品质量指标不合格。①

二 现阶段京津冀区域食品安全问题治理举措

随着京津冀区域协调发展战略的推进和实施，为维护区域内食品安全，食品药品安全职能部门不断推动多元化的区域合作治理举措出台，并加大联合打击食品安全问题的力度。

（一）健全法律法规，全面加强食品安全市场监管

立足食品安全治理法制化，坚持立法先行，通过法律体系、行政法规、部门规章制度以及地方性法规的建设，日渐形成食品安全依法治理的新格局。

2021年4月中华人民共和国国务院令修订《中华人民共和国食品安全法》，2021年2月修订《粮食流通管理条例》，2021年6月修订《生猪屠宰管理条例》。与2018年版相比，2021年修订的《中华人民共和国食品安全法》，针对第四章食品生产经营中的一般规定，修订了第35条第一款；针对第九章法律责任修订了第122条、第123条、第124条、第125条、第126条、第128条、第131条、第132条、第133条和第134条，对不同情况下的法律责任做了改进。新修订的《粮食流通管理条例》也进行了有针对性的改进，加强了对粮食流通中的质量安全监管，使粮食管理更加

---

① 监督抽检数据查询分析系统，食品伙伴网。

规范、市场监管措施更加完善，还防止了粮食流通中的损失浪费，同时也打击了粮食流通中的违法行为，保证良好的粮食流通秩序，使粮食安全治理更加法治化。《生猪屠宰管理条例》的修订体现了党中央、国务院高度重视生猪及其产品质量安全问题。

针对网络食品安全，为了加强监督管理和违法行为的依法查处，国家市场监督管理总局于 2021 年 4 月废止和修改了《网络食品安全违法行为查处办法》的部分规章。

针对食品生产经营，为了强化食品风险管控、构建安全监管责任体系、加大监督检查力度，国家市场监督管理总局于 2021 年 12 月发布了新的《食品生产经营监督检查管理办法》，并于 2022 年 3 月 15 日开始施行。在《食品生产经营监督检查管理办法》中，针对食品安全提出四个"最严"要求，实施对食品生产经营"全覆盖"的检查。为达到对食品生产经营活动全方位、全过程的监督检查，《食品生产经营监督检查管理办法》中明确规定，对本行政区域内所有的食品生产经营者，县级以上地方市场监督管理部门应至少每两年进行一次监督检查。此外，监督检查不仅仅限于日常检查，还要进行体系检查以及飞行检查。对于消费者有重要影响的检查结果，《食品生产经营监督检查管理办法》中要求经营者在食品经营场所醒目的位置进行张贴、公开展示监督检查的结果。此次修订，体现出对食品生产和经营检查的内容更加细化、监管的过程更加严格。同时强调建立食品安全信用档案，对于监督检查情况，记入档案；对于存在严重违法失信行为的生产经营者，启动联合惩戒机制。

2021 年 8 月至 12 月，河北省市场监督管理局还相继发布了多个地方性法规，如《食用植物蛋白生产许可审查方案》等 3 个审查方案、《河北省食品经营风险分级管理工作规范》、《即食鲜切果蔬生产许可审查方案》、《啤酒用麦芽食品生产许可审查方案》、《运动营养食品生产许可审查方案》、《食品预拌粉食品生产许可审查方案》、《食品原料用小麦麸皮食品生产许可审查方案》等方案。

此外，2021 年，国家市场监管总局、财政部印发了《市场监管领域重大违法行为举报奖励暂行办法》，国家市场监管总局办公厅发布了关于《食品安全法实施条例》第 81 条适用有关事项的意见和《食用农产品抽样检验和核查处置规定》。为惩治食品安全犯罪有法可依，2021 年 12 月发布、2022 年 1 月 1 日实施了《关于办理危害食品安全刑事案件适用法律若干问题的解释》，这是最高人民法院、最高人民检察院根据有关法律规定对办理危害食品安全类刑事案件适用法律的若干问题解释。

同时，对违反《中华人民共和国食品安全法》有关规定的处罚进行了共计 12 条的修正；还对《食盐质量安全监督管理办法》中食盐质量安全违法行为的处罚进行了修正；也对《乳品质量安全监督管理条例》第 55 条生产、销售不符合乳品质量安全国家标准的乳品的处罚进行了修正。

（二）完善相关制度，以制度建设推动三地食品药品案件联合执法

京津冀三地市场监管部门于 2021 年 6 月签署了《京津冀市场监管执法协作框架协议》，其中《食品安全执法协议》是食品安全领域的子协议，协议细化了协查配合、检验绿色通道等内容。京津

冀市场监管部门搭建的执法协作体系，积极推动了现代化市场监管执法协作体系的构建，成为三地市场监管部门深入落实京津冀协同发展战略，共同维护区域一流竞争环境、消费环境和营商环境的重要举措；是适应市场监管体制改革和综合行政执法改革新形势，贯彻新发展理念，深化协作机制创新、执法力量协同、情报信息共享、资源数据开放的最新探索；是应对市场违法行为跨区域、网络化、全链条趋势，强化系统打击、源头打击、综合治理工作格局的具体行动。①

京津冀市场监管部门还着力搭建"1+N"执法协作体系，即围绕1个框架协作机制，逐步实现多个子领域、多个层次协作。框架协作机制中确立了联席会议、线索移送、执法协助、执法联动、应急响应等基础工作机制。先期开展协作的4个子领域包括反垄断、知识产权、食品安全和价格，具有各自的特点。《反垄断执法和公平竞争审查协议》对京津冀实行统一的公平竞争审查标准，对政策措施的抽查互查等方面做出了要求；《价格执法协议》明确要逐步完善跨区域价格执法应急响应机制，在遇到跨区域重大突发事件、自然灾害、突发公共卫生事件等时，第一时间组织联络，互相配合；《食品安全执法协议》细化了协查配合、检验绿色通道等内容。"1+N"执法协作体系的建立，将有力促进三地市场监管形成合力，对于维护区域公平竞争的市场秩序和安全放心的消费环境有着重要意义。②

---

① 刘回春：《京津冀市场监管构建执法协作体系》，《中国质量万里行》2021年第7期。

② 刘回春：《京津冀市场监管构建执法协作体系》，《中国质量万里行》2021年第7期。

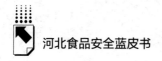

（三）改善政府监管体制，持续推进三地食品安全协同治理机制和体系建设

为治理京津冀区域食品安全问题，三省（市）职能部门不断推动协同治理机制建设。

自2014年7月开始至2018年11月为止，天津、河北和北京三地相继进行监管体制改革，整合工商局、食药监局、质监局，实行"三局合一"，成立市场监督管理委员会（局）。新机构的成立打破了传统的食品安全监管模式，改变了过去多局分头监管的模式体系，进一步明确了职责，极大地改善了京津冀地区的食品安全监管体系，实现对食品生产经营者的全过程统一监管，从而降低了食品安全事件的发生概率，食品安全监管的效率得到大幅度提升。[①]

除此之外，近年来京津冀三地联手打击食品领域犯罪"重拳"频出。2016年1月26日，三地首次在天津召开"京津冀打击食品药品犯罪会商研讨会"。同年，经过充分调研，三地食品药品监管部门协商成立"京津冀食品案件稽查联动委员会"，并签订《京津冀食品案件稽查联动工作协议》，制定《京津冀食品案件稽查联动工作应急响应机制》。其间，京津冀三地食品药品、卫生、公安等多个部门于2016年11月15日共同进行了"北京市食品安全突发事件应急演练（Ⅱ级）暨京津冀食品安全突发事件应急演练"。[②]

---

① 任甜甜：《京津冀食品安全监管效率研究》，河北经贸大学硕士学位论文，2017。
② 陈涛、陈飞羽：《京津冀区域食品药品犯罪治理研究》，《北京警察学院学报》2020年第2期。

　　为全面实施食品安全战略和区域协调发展战略，京津冀三地政府于 2017 年 11 月共同签署《共建"京津冀食品和食用农产品质量安全示范区"合作协议》。根据协议，三地构建从"农田到餐桌"的全过程食品及食用农产品质量安全的协作治理体系。① 协议签署以来，京津冀三地的市场监管部门相继颁布多项工作通知或签署合作协议，主要涉及河北省市场监督管理局颁布的《关于做好京津冀食用农产品产销对接工作的通知》，北京市提出的《京津冀市场流通环节畜产品质量安全保障供应合作协议》，三地共同制定的《京津冀食品领域全产业链追溯模式示范工作合作协议》，三地拟定的《京津冀乳制品生产经营企业食品安全追溯体系指导意见》、《京津冀畜产品质量安全追溯体系建设指导意见》，三地食安办推进的《食用农产品"场地挂钩"供应保障协议》，以及三地监管部门共同签署的《京津冀跨区域重大活动食品药品安全服务保障协作制度》，这些协议、制度的实施，推进了京津冀三地构建协同治理体系，以防范食品安全风险。

　　2021 年 9 月，天津市静海区、河北省沧州市、河北省廊坊市三地食品安全委员会办公室及食品药品监管部门在静海区市场监管局举行食品药品跨区域合作座谈会，并签署了《"静沧廊"食品药品安全跨区域"1+3"合作协议》，共同构筑三地食品药品安全屏障。

　　2021 年，京津冀三地围绕医药卫生、环境保护、能源资源管理领域测量需求，发布了 7 项京津冀协同计量技术规范。联合天津

---

① 北京市人民政府、天津市人民政府、河北省人民政府：《共建"京津冀食品和食用农产品质量安全示范区"合作协议》，《中国食品药品监管》2017 年第 12 期。

市场监管委、河北市场监管局印发《2021 年京津冀检验检测认证监管区域合作行动计划》，发布《关于京津冀检验检测结果互认和采信的公告》，推动京津冀检验检测结果互认，加快三地检验检测监管工作深度融合。

（四）通过学术交流提升三地区域治理理论水平

科学理论研究以及技术保障是加强食品安全监管能力建设的制约因素，为解决区域内研究水平不平衡等制约因素，充分发挥京津地区科研院所多、研究水平高等优势，京津冀三地研究学者不断加强学术、技术交流与合作。河北省食品检验研究院联合天津市食品安全检测技术研究院与北京市食品安全监控和风险评估中心在2019 年 11 月发起并签订了《京津冀食品检验检测技术创新联盟合作框架协议》，旨在以科技创新为驱动，加强区域间学术、技术、人才交流及联动，共同构建京津冀食品检验人才库。[①] 2021 年 12月 16 日建立的"京津冀食品检验检测技术创新联盟检验人才库"，为食品安全保障、食品安全风险预警、食品安全风险评估提供技术支持，助推京津冀食品安全保障工作高效、有序开展，以及全面推进京津冀食品产业高质量发展。人才库由京津冀三地食品相关领域专家组成，首批共有 30 名专家入选。

2020 年 12 月 24 日，河北省市场监督管理局组织的关于"实施标准化管理，引领高质量发展"暨京津冀食品生产协同监管研讨会在河北召开，为进一步深化京津冀协同监管一体化进程，完善

---

① 中国食品安全网，2019 年 11 月。

京津冀食品生产协同监管联动机制，促进京津冀食品产业健康可持续发展奠定了基础。

为增强科技赋能、监管科技创新，国家市场监管总局提出建设国家市场监管创新基地。2021 年 9 月 2 日公布的 38 个国家市场监管重点实验室获批进入建设周期，其中"食品安全重大综合保障关键技术""特殊食品监管技术""乳及乳制品检测与监控技术""生物毒素分析与评价""功能食品脂类安全""肉及肉制品监管技术""食品安全快速检测与智慧监管技术""食用油质量与安全""动物源性食品中重点化学危害物检测技术""调味品监管技术""白酒监管技术""食品中农药兽药残留监控""枸杞及葡萄酒质量安全"等涉及食品安全监管。

（五）构建政务服务一体化模式，推动实现北京、天津、河北自贸试验区内政务服务"同事同标"

2021 年 3 月，由京津冀三地政务服务管理部门牵头主导，三地有关部门共同研究制定、实施《推动京津冀自贸试验区内政务服务"同事同标"工作方案》，快速构建了"同事同标"工作机制。围绕自贸试验区功能定位和产业方向，梳理出两批京津冀自贸试验区内"同事同标"事项清单，并督促"同事同标"落地见效。2021 年 10 月发布《河北省市场监督管理局京津冀自贸试验区政务服务事项"同事同标"事项清单（食品生产类）》，涉及 12 项自贸试验区食品（含保健食品）生产许可核发、变更、延续、注销或新办等，推行食品安全抽检结果京津冀三地互认，实现工业生产许可证、保健食品广告审查、特殊医学用途配方食品广告审查三地通办。

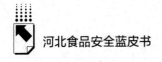

（六）守护食品安全，持续加大监管资金投入力度

监管资金的持续投入决定着监管工作的顺利进行。近年来，京津冀三地政府持续对食品安全监管资金加大投入力度。2019年，河北省用于食品监管方面的补助资金为5934.5万元，资金主要用于食品抽验、保健食品抽验、特殊食品抽检、检验机构能力建设、食品风险监测、监管队伍能力提升等方面工作。2021年6月，河北省财政厅下拨中央食品监管补助资金647.5万元，另外补助省市场监督管理局"食品检测设备购置经费"680万元和"食品抽检经费"402万元。

《食品安全法》中对食品抽样检验进行了明确规定，食品监督管理部门应当对食品进行定期或不定期的抽样检验。2017～2019年，河北省市场监督管理局共下拨7285万元进行产品质量监督及抽查。北京市场监管局在2019年安排食品抽检经费1.2亿元。2020～2021年天津市累计安排食品日常安全监管经费9283万元，推动食品安全监管各项工作开展，防范化解食品安全隐患。①

2021年是"十四五"开局之年，强调"用最严谨的标准、最严格的监管、最严厉的处罚、最严肃的问责，加快建立科学完善的食品药品安全治理体系"。虽然京津冀三地在食品安全协同治理上取得了积极进展，但仍需树立以人民为中心的发展理念，着眼大局、顺应发展大势，强化市场监管，破解监管难题，提高服务水平，积极应对一系列考验和挑战，有效保障京津冀三地食品安全。

---

① 《中国财经报》2021年5月。

三　进一步推动区域食品安全领域
问题治理的策略

（一）以协同治理机制为统领，做好顶层设计

在实施京津冀协同发展战略背景下，为深入实施食品安全战略、扎实保障食品安全监管各项工作开展，三地在食品领域探索共建、共管、共享模式。对于"共建"，三地应研究共建京津冀协同发展的食品药品监管法律法规、制度及地方性产业政策等体系，积极推进三地一体化。对于"共管"，三地在监管体系现状的基础上，应统筹协调优势资源，利用新技术创新监管体系，推进协作协查，形成高效协同监管模式体系，深化京津冀食品安全的全链条、全维度监管。同时，还要加强资源整合共建技术平台、信息平台，以科技推动监管现代化。对于"共享"，三地应推进信息公开，实现食品药品数据信息资源的共享、检测资源共享、风险管控信息的共享、政府间各行政部门间信息共享，以及信息资源的自由流动。

如前文所述，京津冀区域在食品安全领域已建立了包括资源共享、联合执法等在内的协同治理机制，但是总体上协同治理机制比较单一，协同治理整体水平比较低。为创新治理机制、全面提升治理水平，京津冀三地的食品安全管理、公安、检察、法院以及市场监管等职能部门应共同协商，整合优化三地现有的食品安全治理机制，从顶层设计构建实施统一的"京津冀区域食品安全领域协同

治理机制"，全面提升京津冀区域食品安全的协同治理水平和能力。①

下一步，天津市市财政局将按照天津市委、市政府工作部署，积极配合市场监管部门加强食品安全监管，提高财政支持的指向性、精准性、有效性，提升财政服务效能，推进食品安全治理能力和治理体系现代化。

京津冀三地还要联合促进食品安全区域联动、食品领域全产业链追溯，共同提升食品安全治理和监管水平。督促食品监管部门、生产经营者建立食品安全信息，完善食品安全溯源体系，从三地食品生产经营、贮存运输、餐饮服务等产业链的多个环节，协同实现来源可溯、去向可查、风险可控、责任可究的全过程安全监管。

（二）健全法规制度，完善食品安全标准

法律法规是政府进行监管工作、规范监管流程的依据。不论是与国际上对于监管法律法规的要求相比，还是与我国现阶段食品工业的发展形势相比，我国食品安全相关法律法规的制定和修订均表现出一定的滞后性和陈旧性。因此，立法部门首先要根据食品行业的发展现状推进《中华人民共和国食品安全法》等相关法律法规的修订工作，健全相关的法律制度和管理标准。②

2021 年对《中华人民共和国食品安全法》进行了修订，在这一背景下，也要完善食品监管相关的法律法规，健全食品监管制度

---

① 陈涛、陈飞羽：《京津冀区域食品药品犯罪治理研究》，《北京警察学院学报》2020 年第 2 期。

② 任甜甜：《京津冀食品安全监管效率研究》，河北经贸大学硕士学位论文，2017。

建设。在完善食品监管相关法律法规的同时，还要积极出台惩治食品犯罪方面的司法解释，对法律条款的适用范围、适用条件进行明确，为打击食品违法行为等执法工作提供明确依据。

食品行业快速发展，京津冀各地政府部门也根据各自食品市场的特点、实际发展情况进一步完善地方性法规。此外，三地还应大胆探索在打击食品安全领域的犯罪方面的协同发展模式，同时还要推动三地的行政执法、侦查、检察和法院对食品安全领域犯罪标准的认定，出台食品安全规章制度，增强执法部门联合执法的可操作性，避免监管空隙和漏洞。

有"最严谨的标准"，才能最大限度地保障食品的安全。三地应积极参与食品安全方面的国家标准的制修订工作，加快制修订国家、京津冀三地等统一的食品安全标准，甚至引导企业制定实施严于国家标准或行业标准的企业标准。三地还要加强监管食品安全标准的使用，监督企业严格执行食品安全标准，按照标准进行食品生产、储存、包装、运输和销售。三地也要积极实现食品补充检验方法和食品快检方法的统一，从而使得三地食品安全标准体系尽早实现统一和协调。

（三）促进京津冀区域食品领域犯罪的协同治理

在打击食品领域犯罪的执法司法实践中，职能部门间、区域间的定性标准不统一，对案件管辖认识也不统一，造成京津冀区域内的行刑衔接不畅，影响案件的侦办和核查。因此，京津冀要三地联动实现食品药品案件的协查协办、突发事件的处置等，为此探讨以下几方面的改革。

第一，统一京津冀区域内案件管辖原则。对发生在京津冀三地内任何一地的食品药品犯罪案件，统一案件管辖规定，在法律法规规定的基础上实行"全案管辖、通力配合"，以实现京津冀区域内发生的食品药品犯罪案件无一漏管。[①] 探索建立京津冀食品安全监管工作快速联动、高效沟通的应急协作处置机制，以期强化跨区域食品安全事件处置的应急协作，达到协同、快速、科学应对处置突发事件的目的。

第二，京津冀三省（市）应该尽快整合现有食品药品犯罪侦查的机构，统一建立食品药品犯罪侦查队伍。必要时三地多部门联合成立案件协查小组，在案件侦办、取证、测验等环节协调配合，实现快速追溯跨区域违法犯罪行为，或是快速召回、处置问题食品。

第三，推动区域内食品药品犯罪案件的行政与公安、侦查机关之间的无差异化协作配合。近年来，针对食品药品领域危害民生犯罪突出的严峻形势，构建顺畅的食品药品行政执法与刑事司法衔接机制，是维护食品安全及国家治理体系和治理能力现代化的重要体现。[②]

（四）加强技术应用，促进监管能力协同提升

《"十四五"市场监管科技发展规划》指出，以科技赋能市场监管现代化为主线，加强重点领域安全监管技术研究，助力严守安

---

① 陈涛、陈飞羽：《京津冀区域食品药品犯罪治理研究》，《北京警察学院学报》2020年第2期。
② 陈涛、陈飞羽：《京津冀区域食品药品犯罪治理研究》，《北京警察学院学报》2020年第2期。

全放心底线。这就要求京津冀三地加强与食品安全相关的基础、应用、检测技术等研究，以"京津冀食品检验检测技术创新联盟检验人才库"为基础，进一步加强技术创新、基地建设、人才培养等。也要针对食品药品安全相关专业技术等各方面知识内容展开持续性的教育和培训，使监管人员的综合素质不断提升，并为监管工作质量提供充分保障。

区块链、人工智能、5G 等新技术逐渐兴起，将其应用于市场监管信息化工作，可以更好地提高市场监管部门履职尽责水平，更好地提高市场监管部门政务服务水平。同时，综合运用大数据、"互联网+"等信息技术手段赋能食品安全监管，实施智慧监管。在常态化疫情防控的背景下，食品安全监管的数字化、信息化、智能化，能够大大降低高密度人群中人与人直接接触的频率，从而使得疫情传播的风险也大幅度降低。

（五）加大财务资源投入力度，优化投入分配方式

政府在监管方面的投入是保障政府监管活动顺利进行的基础。为深入实施食品安全战略、扎实推进食品安全监督各项工作开展，在财务资源投入上，各级政府有依法履行对食品安全工作给予财政投入的责任，应将食品安全工作经费列入本级财政预算，甚至是设立食品安全专项资金，保证投入的财政资金确实用于食品安全。在财务资源分配方式上，承担食品安全监管的有关部门也要根据实际需要，及时调整经费支出结构，集中资金解决重点突出的食品安全监管问题，同时，还要严格按照规定、预算的用途使用各项经费，杜绝挤占或挪用，确保各区域、各方面财政资金的使用效率。

京冀监管系统的资源投入总量不足、资源配置不合理，存在浪费和流失现象。因此，根据京津冀地区财务投入情况，应将食品安全工作经费纳入本级政府财政预算，设立食品安全监管专项资金，并保证专款专用，优化投入方式，避免滥用，提高资金的使用效率。①

各地党委和政府对本辖区的食品安全负首要责任，因此，各级党委、政府也要建立、健全用于食品安全监管的财政资金保障制度，将监管经费纳入财政预算，推进监管执法条件的完善。同时，食品生产经营者也要加大食品安全监管方面的投入力度，必要时鼓励社会资本进入食品安全监管领域，构建多元化的食品安全监管机制。

四　建构京津冀食品安全领域统一行政执法程序

京津冀协同发展进程中联合行政执法是必然趋势，尤其是包含食品安全在内的一些重点领域。

（一）统一行政执法程序的重要意义

党的十八届四中全会通过的《中共中央关于全面推进依法治国若干重大问题的决定》（以下简称《决定》）中强调，在涉及食药安全等一些重点领域的行政执法上，重点要求"完善执法程序，推进综合执法，提高依法行政效率"。从京津冀协同发展战略推出

---

① 任甜甜：《京津冀食品安全监管效率研究》，河北经贸大学硕士学位论文，2017。

以来，京津冀三地在协同执法中还存在多种执法问题，比如行政执法不规范、执法不作为、执法乱作为、执法标准不统一、执法不公、执法效能不足、执法腐败等。因此，需要三地食品安全监管职能部门统一规范京津冀区域内行政执法程序，通过行政立法、协同执法，构建统一的行政执法和联合行政执法，达到统一行政执法程序、规范食品安全监管和打击食品药品领域犯罪的目的。京津冀区域通过统一行政执法程序，能够提高区域内行政执法水平和服务水平，还能够规范并提升区域内的公正文明执法程度，提高行政效率，也有利于区域内的整体利益。①

（二）食品安全领域内探索与构建京津冀统一行政执法程序的设想

京津冀协同发展中必须推陈出新，立足构建新思路，按照依法治国中的法治政府及现代法治的基本要求，通过制定京津冀统一行政执法程序来规范行政执法行为，科学约束行政执法权力，减少行政执法行为对承受者的伤害，同时也保证行政执法行为的效率。

统一行政执法程序必须制定一部协调京津冀区域内行政执法行为的行政执法程序政府规章，在规章中须明确各个执法环节和步骤、细化调查规则、步骤化取证程序。行政执法程序政府规章是京津冀区域内食品药品安全行政执法主体基本行为的方式、步骤及实施的时间、顺序的法律原则和规范的总称，它注重合法行政，体现

---

① 查志刚、任左菲：《京津冀协同发展中统一行政执法程序法制研究》，《河北师范大学学报》（哲学社会科学版）2016 年第 5 期。

党的十八届四中全会《决定》法治精神的行政执法行为特色与发展趋向，其目的是通过程序规范行政执法行为，保护公民合法权益，提高行政执法效率，助推法治政府建设。①

① 查志刚、任左菲：《京津冀协同发展中统一行政执法程序法制研究》，《河北师范大学学报》（哲学社会科学版）2016 年第 5 期。

B.11
筑牢食品安全法治屏障
保护人民群众"舌尖上的安全"
——河北省人大常委会推进食品安全立法工作情况

周英 柴丽飞 刘洋*

摘 要: 本文主要介绍党的十八大以来,河北省人大常委会围绕食品安全领域出台的地方性法规成果。全文重点对《河北省食品小作坊小餐饮小摊点管理条例》《河北省人民代表大会常务委员会关于厉行节约、反对餐饮浪费的规定》《河北省餐饮服务从业人员佩戴口罩规定》三部地方性法规的重要意义、立法思路和原则、主要立法工作、法规主要内容和重点要求等方面进行具体介绍,以期总结河北关于食品安全领域地方立法经验,更好地指导、加强惠民立法工作。

关键词: 法治保障 食品安全 河北

一 引言

"民为国基,谷为民命",自古以来,民以食为天,食以安为

---

* 周英,河北省人大常委会法工委主任;柴丽飞,河北省人大常委会法工委法规一处一级主任科员;刘洋,河北省人大常委会法工委法规一处一级主任科员。

先。党的十八大以来，习近平总书记就食品安全工作多次作出重要指示批示，指出"食品药品安全关系每个人身体健康和生命安全。要用最严谨的标准、最严格的监管、最严厉的处罚、最严肃的问责，确保人民群众'舌尖上的安全'"①。习近平总书记在中央全面依法治国委员会第二次会议上强调："对食品、药品等领域的重大安全问题，要拿出治本措施，对违法者用重典，用法治维护好人民群众生命安全和身体健康。"② 习近平总书记的重要指示批示精神为加强食品安全地方立法工作提供了科学指引和根本遵循。

河北省人大常委会坚持以习近平新时代中国特色社会主义思想为指导，深入践行"两个确立"，把习近平总书记重要指示批示精神作为推进食品安全地方立法的"指南针"、"金钥匙"和"定盘星"，深入贯彻落实党中央和省委有关重大决策部署，结合当前人民群众反映强烈的食品安全领域突出问题，连续出台了《河北省食品小作坊小餐饮小摊点管理条例》《河北省人民代表大会常务委员会关于厉行节约、反对餐饮浪费的规定》《河北省餐饮服务从业人员佩戴口罩规定》等法规，为保护"舌尖上的安全"提供了有力的法制保障。这些地方性法规坚持落实"四个最严"要求，健全食品安全监管体制机制，落实生产经营者主体责任，推动食品产业高质量发展，提高食品安全风险管理能力，推进食品安全社会共

① 《在十八届中央政治局第二十三次集体学习时的讲话》（2015年5月29日），载《习近平关于社会主义社会建设论述摘编》，中央文献出版社，2017。
② 《开启法治中国新时代　以习近平同志为核心的党中央推进全面依法治国纪实》，《人民日报》2019年10月22日。

治，推进全省全过程监管体系基本建立，同国家法律、行政法规、部门规章和政府规章一起构筑起食品安全的法治屏障。

一　加强食品小作坊小餐饮小摊点立法

2016 年 3 月 29 日，河北省第十二届人大常委会第二十次会议通过《河北省食品小作坊小餐饮小摊点管理条例》（以下简称《条例》），已于 2016 年 7 月 1 日起施行。河北省是国家《食品安全法》修订后较早出台食品"三小"法规的省份之一。2019 年 7 月 25 日，河北省第十三届人民代表大会常务委员会第十一次会议对《条例》第十条第六项作了修正，主要是增加规定"不得采购、存放和使用亚硝酸盐"，修正目的也是加强食品安全监管，保障人民群众身体健康。

（一）制定《条例》必要性

制定《条例》意义重大。一是切实解决食品安全突出问题、维护经营者和消费者合法权益的重要保障。近年来，全省食品安全形势总体平稳，食品产业发展迅速。但小型食品生产经营单位仍存在一些亟待解决的突出问题，如从业人员守法意识不强、生产经营环境条件简陋、违法使用添加剂等，特别是小摊点卫生条件差、冷藏条件差，超期食品、食材变质现象较多，给人民群众的身体健康和生命安全带来很大风险。制定专门法规有利于规范食品生产经营活动，有利于保障人民群众"舌尖上的安全"，为破解上述难题提供法规规范和制度保障。二是贯彻落实新《食品安全法》的必然

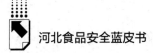
要求。2015 年 4 月"史上最严"《食品安全法》修订出台，构建起了完整的监管制度体系，明确要求各省制定具体管理办法。河北省发挥补充性、实施性、探索性立法功能及时制定《条例》，有利于将国家法律要求的各项机制制度落到实处，以更强措施、更大力度实现食品安全监管全覆盖。三是完善监督管理体制，提升服务保障水平的现实需要。河北省高度重视加强食品小作坊、小餐饮、小摊点的监督管理，1984 年出台了《河北省城乡集市贸易食品卫生管理条例（试行）》（1997 年 9 月废止），1997 年出台了《河北省城乡集市食品卫生监督管理条例》（2010 年 7 月废止），2013 年河北省人民政府出台了《河北省食品安全监督管理规定》，这些地方性法规、政府规章在规范生产经营、保障饮食健康、促进食品业发展方面发挥了重要作用。但随着市场经济和城镇化的不断发展，食品小作坊、小餐饮、小摊点发展也呈现上升趋势，数量多、分布广、业态复杂，且主要分布在农村、社区和城乡接合部，从业人员流动频繁，生产销售不合格、超保质期、无包装、标示不全等食品现象较多，存在食品安全隐患，缺乏更有力的法治支撑。因此，在遵循国家规定、总结实践经验的基础上，非常有必要制定一部兼具针对性、适用性、可操作性的专项立法，规范生产经营行为，完善监督管理制度，有效提升服务保障水平，为做好食品安全工作创造良好的法治环境。

（二）《条例》立法过程

《条例》是 2015 年立法计划一类项目。原河北省食品药品监督管理局和省政府法制办起草了《条例（草案）》。2015 年 10 月

8 日，省政府常务会议讨论通过。2015 年 11 月 24 日，河北省第十二届人大常委会第十八次会议进行初审。初审后，省人大常委会法工委和教科文卫工委做了大量科学立法、民主立法、依法立法工作。一是扩宽征求意见渠道，省直有关方面、设区的市有关方面积极反馈意见建议，首次开展网上听证，广大网民建言献策提供1350 条意见和建议。二是提高论证规格层次，邀请权威专家围绕焦点、难点、重点问题进行有力论证。三是赴北京、石家庄、衡水、张家口等地进行座谈调研。四是在组织协调上下大气力，反复与省政府相关部门沟通协调。在此基础上，进行反复推敲、认真修改，"三小"条例文本得到省人大常委会组成人员的充分肯定。2016 年 3 月 29 日，《条例》获得高票通过。

（三）《条例》的主要内容

《条例》共八章六十四条，分别为总则、一般规定、小作坊、小餐饮、小摊点、监督与管理、法律责任和附则，内容全面、重点突出。

1. 加强服务型政府建设

《条例》主要是突出政府服务功能。如在鼓励服务措施上，就业务培训、资金扶持、就业帮扶方面提出要求，合理规划发展，集中经营。强调便民化，规定了登记备案的申请批准程序，小摊点可到乡镇人民政府或者街道办事处领取备案卡。减轻群众负担，免费办理登记备案卡，抽检样品应当购买，且不得收费，免费开展业务知识培训。对文明执法提出要求，对执法透明度进行规范，规定不得索贿，不得谋取非法利益。

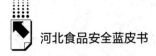

2. 细化监管职责

首先对各级政府、食品安全委员会、食品药品监督管理部门以及相关部门的职责权限作了规定，明确乡镇人民政府、街道办事处工作职责，推进形成分区划片、包干负责的工作机制。对城市管理部门职责进行划定，推进建立立体多元的监督管理体系。同时，鼓励群众积极参与，发挥社会力量，强化社会监督，加大新闻宣传力度。

3. 强化监管措施

为方便监督管理与服务，使监管措施有法可依，发挥最大效能，《条例》明确规定了区域规划、食品目录、日常监督检查、重点抽样检验、信用档案管理、"黑名单"制度、监管信息公示、安全事故处置等措施，全方位、多手段对食品小作坊、小餐饮和小摊点的生产经营进行严格监管。同时为促进食品小作坊、小餐饮和小摊点有序、规范、健康发展，《条例》规定了其应当遵守的生产经营规范、食品安全责任、进货查验、出厂检验、人员健康管理、票据凭证保存等一系列经营要求，形成源头防控以及食品生产经营全链条可追溯的全方位监管体制。

4. 实行生产经营负面清单

鉴于食品小作坊、小餐饮、小摊点生产、包装、储存、运输条件有限，部分高风险食品卫生条件无法保障，为避免食品经营潜在风险，提高食品安全保障水平，《条例》明确规定了食品小作坊、小餐饮、小摊点负面清单，界定其生产经营范围。其中，小作坊不得生产加工乳制品、速冻食品、酒类（白酒、啤酒、葡萄酒及果酒等）、罐头、饮料、保健食品、特殊医学用途配方食品、婴幼儿配方食品、婴幼儿辅助食品、果冻、食品添加剂等产品以及法律法规禁止生产加工的其他产品；小餐饮不得经营裱花蛋糕、生食水产品以及法律法规禁止经营的其他食品；小摊点不得销售散装白酒、食品添加剂、保健食品、特殊医学用途配方食品、婴幼儿配方食品、婴幼儿辅助食品等法律法规禁止经营的高风险食品。

5. 加强学校周边管理

当前，学校周边的小摊点已严重影响学生健康和道路交通，为有效破解难题，《条例》第三十二条明确规定，学校、幼儿园门口一百米范围内禁止小摊点经营，把维护学生饮食安全作为重中之重，回应社会关切。

6. 加大违法行为处罚力度

针对小作坊、小餐饮、小摊点超越《条例》规定的经营范围的违法行为，《条例》第二十一条、第二十七条、第三十一条规定，由县（市、区）人民政府食品药品监督管理部门没收违法所得、违法生产经营的食品和用于违法生产经营的食品添加剂、原辅材料，并处五千元以上一万五千元以下罚款；情节严重的，由原发证部门吊销登记证、注销备案卡，并没收用于违法生产经营的工具、设备等物品。对违反进货查验记录制度、食品检验制度的，责令改正；拒不改正的，按规定处以罚款。被吊销登记证或者注销备案卡的，实行三年行业禁入措施。

为推进《条例》落地见效，原河北省食药监局（省政府食安办）印发了《河北省食品小作坊登记管理办法》《河北省食品生产加工小作坊摸底建档实施办法》《河北省小餐饮登记管理办法》《河北省食品小摊点登记管理的指导意见》等一系列配套制度和措施，进一步建立健全了食品"三小"管理制度和机制；组织开发了"三小"制证管理系统，全省统一配发了登记证、备案卡，各级各有关部门配备了登记备案办公设备。《条例》实施取得了显著成效，依法监管水平大幅提升，通过实施小作坊、小餐饮、小摊点备案登记，全省各级食品安全监管部门进一步摸清了"三小"底数，明确了监管对象，实现了依法有效监管，民众身边食品消费环境进一步净化，小食小餐更安全、更放心，促进了全省食品安全形势持续稳定好转。自 2016 年 7 月 1 日至 2017 年 6 月底，河北完成"三小"登记备案 262029 户，其中登记食品小作坊 15001 户、登记小餐饮 76171 户、备案小摊点 170857 户。千千万万个小作坊、小餐饮、小摊点第一次拿到了自己的"身份证""户口本"，成为食品经营业态的合法一员。[①]特别是机构改革后，市场监管部门制定了年度"三小"食品监管计划，建立了"三小"监管档案，加强了"三小"的日常监督检查及整治规范。乡镇人民政府、街道办事处成立综合行政服务中心，受理、审核、发放"三小"登记证、备案卡，并建立了食品安全监督员、协管员、信息员队伍，对发现的违法生产经营行为，及时向监督管理部门报告，协助做好相关监管工作。为加强服务和统一规划，鼓励集中经营，全省要求将小摊点划入固定区域经营。目前，各市主城区已达到 90%，各县（市）区主城区已达到 70% 的目标。全省食品"三小"安全监督管理工作迈上法治化轨道。

二 加强厉行节约、反对餐饮浪费法治建设

食品安全主要是从食品卫生、健康的角度强调食品对人体的无

[①] 长城网，2017 年 7 月 14 日，http://health.hebei.com.cn/system/2017/07/14/018442862.shtml。

害性。厉行节约、反对餐饮浪费主要是从粮食安全乃至国家安全的站位，弘扬中华民族勤俭节约的传统美德。贯彻新发展理念，应当将厉行节约、反对浪费理念贯穿食品安全工作全过程。《河北省人民代表大会常务委员会关于厉行节约、反对餐饮浪费的规定》（简称《规定》）通篇都将文明健康作为基本要求，关于厉行节约、反对浪费的各项监督管理机制制度、行为规范和具体要求都是建立在有利于维护人民群众身体健康的基础上的，也就是把追求食品安全和节约工作的协调统一作为制定《规定》的一条主线。

（一）《规定》制定背景

习近平总书记高度重视粮食安全，提倡"厉行节约、反对浪费"的社会风尚，多次强调要制止餐饮浪费行为。2020 年 8 月，习近平总书记对制止餐饮浪费行为作出重要指示指出，餐饮浪费现象，触目惊心、令人痛心！"谁知盘中餐，粒粒皆辛苦。"尽管我国粮食生产连年丰收，对粮食安全还是始终要有危机意识，全球新冠肺炎疫情带来的影响更是给我们敲响了警钟。要加强立法，强化监管，采取有效措施，建立长效机制，坚决制止餐饮浪费行为。要进一步加强宣传教育，切实培养节约习惯，在全社会营造浪费可耻、节约为荣的氛围。[①] 2021 年 9 月 10 日，习近平向国际粮食减损大会致贺信指出，粮食安全是事关人类生存的根本性问题，减少粮食损耗是保障粮食安全的重要途径。当前，新冠肺炎疫情在全球蔓延，粮食安全面临挑战，世界各国应该加快行动，切实减少世界

[①] 《人民日报》2020 年 8 月 12 日。

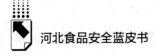
粮食损耗。①

习近平总书记的重要指示为我们做好厉行节约、反对餐饮浪费工作指明了方向，也为当前扎实做好"六稳"工作、全面落实"六保"任务、把粮食安全掌握在自己手中提供了基本遵循。中共河北省委专门召开会议就贯彻落实习近平总书记重要指示精神提出，要深刻认识制止餐饮浪费行为的重大政治意义、现实意义，加强地方立法，强化相关监管，采取有效措施，建立长效机制，坚决反对餐饮浪费行为。制定《规定》有利于促进人民群众自觉践行勤俭节约、艰苦奋斗的理念，推进厉行节约、反对餐饮浪费成为全社会的共识和行动。2020 年 9 月 24 日，河北省十三届人大常委会通过《规定》，已于 2020 年 11 月 1 日起施行。这是全国首部专门规范厉行节约、反对餐饮浪费的地方性法规。

（二）《规定》起草经过

由河北省人大常委会法工委牵头，省人大常委会财经工委、省文明办、省商务厅、省文旅厅、省教育厅、省市场监管局等部门组建起起草工作专班。起草专班认真学习、深刻理解习近平总书记重要指示精神，精准把握精神实质和内在要求；开展国情教育学习，认识到解决好十几亿人口的吃饭问题是党治国理政的头等大事，也是保证国家安全的基石；深入学习相关法律法规和政策性文件，把握法律规定和中央政策要求。最终形成立法工作思路：一是坚持以社会主义核心价值观为导向。结合中央有关文件精神，以及中共中

---

① 《人民日报》2021 年 9 月 11 日。

央《社会主义核心价值观融入法治建设立法修法规划》，着力处理好道德与法律的关系，做到德治与法治相统一、相促进。二是坚持问题导向。推进创制性、小切口立法，在矛盾的焦点上"砍一刀"，确保"砍准、砍好"。聚焦餐饮浪费环节，立足"吃"的管理，解决"舌尖上"的浪费。三是坚持倡导与约束相结合。着力从提倡、宣传、教育、自律等方面入手，明确公务用餐、单位食堂、餐饮经营者等主体反对餐饮浪费的责任义务，对家庭和个人主要通过鼓励、宣传、引导，强化节约意识，推进节约习惯的养成。

《规定》起草过程中，始终坚持科学立法、民主立法、依法立法，最大限度凝聚民智、汇聚民意，切实提高立法质量。一是主动向全国人大常委会法工委了解反食品浪费立法进展，请示汇报，并就草案文本征询意见。二是赴石家庄等地深入开展调研，召开座谈会，实地查看单位以及学校食堂等。三是拓宽意见征集渠道，征求了40余个省直有关部门、设区的市人大常委会，特别是正定县正定镇"人大代表之家"基层立法联系点意见，还征求了河北大学等高校和省旅游协会、省饭店餐饮烹饪协会和美团等组织和企业的意见，通过报纸和网络公开征求社会公众意见，综合各方意见形成议案文本，奠定了规定出台的群众基础。

（三）关于食品安全有关规定

节约与安全有着千丝万缕的关系，从食材采购、加工制作、经营消费到剩菜打包各个环节的节约，有利于促进食物资源高效利用，在减少浪费的同时，也避免出现过期食品等危害食品安全的现象，强调餐饮节约对于食品安全工作具有重要促进作用。

《规定》共三十七条，作为一部创制性、小切口法规，在立法过程中立足政治站位，坚持问题导向，突出地方特色，着力提升法规针对性、可操作性，确保真管用、能落地。虽然《规定》立法目的主要是厉行节约、反对餐饮浪费，但是一些规定对食品安全提出了更高要求，对于提升食品安全工作水平发挥着引领、推动作用。

1. 将文明健康确定为厉行节约、反对餐饮浪费工作的基本原则

《规定》第三条要求坚持文明健康、绿色节约、政府主导、个人自律、社会监督的原则，构建属地管理、部门协作、行业引导、公众参与、奖惩结合的工作机制。

2. 推行公筷公勺、双筷和分餐制

这对于减少食品安全带来的风险具有重要意义。为此第十七条规定，倡导自助餐、份餐就餐方式，发展可选择套餐，提供半份菜、小份菜菜品规格。这一规定既是基于避免浪费的要求，更是基于健康饮食的需要。将推行公筷公勺、双筷和分餐制上升为法律法规要求，在全国范围尚属首次，是促进消费环节食品安全的重要举措，特别是对疫情防控常态化形势下做好个人防护具有重要意义。

3. 强化各类供餐主体提供健康餐饮责任

单位食堂应当健全节约用餐管理规范和监督检查制度，及时统计用餐人数，按照健康、从简原则，适当采买、加工制作、配餐。加大食堂就餐巡视力度，加强对学校食堂餐饮节约工作的监督检查，实行奖惩、考核和责任追究制度。学校、幼儿园的供餐经营者应当改进供餐方式，科学营养配餐，提高饭菜质量。

4. 强化健康饮食标准体系建设

《规定》要求商务主管部门应当建立关键环节操作规范，引导餐饮经营者建立健全标准化服务体系。市场监督管理部门应当组织制定餐饮行业厉行节约、反对餐饮浪费的地方标准。餐饮经营者应当建立标准化服务体系。卫生健康部门应当推进建设健康食堂、健康餐厅，指导、鼓励餐饮经营者和食堂实施合理膳食行动。

5. 加强餐厨垃圾管理

强化餐厨垃圾收集处置对于确保饮食健康安全具有重要作用，《规定》要求在餐饮采买、加工制作、服务的全过程都要贯彻节约理念，同时要求采取措施减少餐厨垃圾产生量并进行无害化处理。《规定》提出加强餐厨垃圾回收处理体系建设，探索建立餐厨垃圾按量收费制度。

6. 倡导绿色餐饮方式

《规定》指出，公务活动用餐应当按照快捷、健康、节约的要求，推行简餐和标准化饮食，原则上实行自助餐，不具备自助餐条件的应当以份餐为主。鼓励个人践行"光盘行动"，公职人员应当发挥带头示范作用。单位、学校食堂、餐饮经营者厉行节约、反对餐饮浪费工作取得成效的，可以授予"绿色食堂"和"绿色餐饮示范店"荣誉称号。

《规定》是全国首部关于制止餐饮浪费的地方性法规，得到全国人大常委会高度肯定，为国家制定反食品浪费法提供了先行先试经验，为兄弟省市加强有关地方立法提供了积极借鉴。《规定》通过后，省人大常委会第一时间召开新闻发布会，邀请新华社等20家新闻媒体参加。新华社、《人民日报》、《中国日报》、《中国环境报》、《河北日报》、河北电视台等媒体均予以宣传报道。如新华社以《河北出台治理餐饮浪费省级地方性法规》为题、人民日报客户端以《河北立法制止餐饮浪费》为题作了专门报道，光明网、中国人大网、凤凰网、新浪网、长城网、民主法制网等作了转载，引起省内外热烈反响，为《规定》施行夯实了群众基础，营造了舆论环境，进一步推动全省上下形成厉行节约、反对餐饮浪费的良好社会氛围。

三　加强餐饮服务从业人员佩戴口罩管理

为贯彻落实习近平总书记关于加强公共卫生和常态化疫情防控工作的重要指示批示精神，落实省委"最大程度保护人民生命安全和身体健康，最大限度减少疫情对经济社会发展的影响"有关要求，进一步提升餐饮服务卫生水平，促进餐饮服务业健康发展，2022年5月27日，河北省第十三届人民代表大会常务委员会第三十次会议通过了《河北省餐饮服务从业人员佩戴口罩规定》（以下简称《规定》）。

（一）立项调研论证

2022年4月12日至17日，为研究餐饮服务从业人员佩戴口罩法规立项工作的必要性、可行性，河北省人大常委会法工委开展了餐饮服务从业人员佩戴口罩实地调研。同时，结合有关国家防疫口罩指引、食品安全和餐饮行业等相关政策文件，选择佩戴口罩有关内容，设计并制作了网上调查问卷，利用互联网平台发放并收回问卷共计25556份。

1. 实地调研情况

调研分四个调查小组，采取明察和暗访相结合的方式，走访了石家庄市桥西区、新华区、长安区、裕华区、高新区、栾城区六个区，重点对饭店、餐馆的门厅、大堂、食品加工区、食品贮藏区、烹饪区、清洁操作区等相关场所进行了查看，现场询问佩戴口罩及相关情况，召集有关人员座谈，并向厨师、后厨传菜员、点餐员等从业者发放并收回纸质调查问卷，共走访明察暗访点位95处。其中明察点位按照分类，包括：（1）国有大型餐饮企业，如云瑞国宾酒店、石家庄饭店、石家庄美丽华大酒店、河北云臻世纪大饭店等；（2）民营餐饮企业，如保定会馆、锦绣金山、孙大厨鸽子馆、光明渔港、全聚德、湘君府、西北人家莜面村、中鸿记振头古镇等；（3）单位食堂，如高新区石药集团食堂、国网电力科学院食堂、石家庄市税务局食堂等；（4）中央厨房，如栾城同福产业园中央厨房；（5）各类咖啡店、饮品店、快餐厅、蛋糕店、茶叶店、外卖店，如百客咖啡店、CoCo都可饮品店、米莎贝尔蛋糕店、蔡林记热干面快餐厅、太行外卖店等。暗访点位，除了明察点位分类外，还增加了超市、便民菜市场、早餐店、烧烤店、包子店、小吃店、火锅店、煎饼果子摊位等。

调研中主要反映以下问题。

一是关于是否按照规范佩戴口罩。明察点：佩戴口罩以及佩戴规范的比例约占80%，不论是直接接触入口食物的人员还是非直接接触入口食物的人员，都是全员佩戴口罩，并且佩戴规范。不佩戴口罩以及佩戴不规范的比例约占20%，有的饭店后厨发现厨师未佩戴口罩，还有个别厨师佩戴口罩不规范（口罩露出鼻子或者拉至下巴处）。暗访点：佩戴口罩以及佩戴规范的比例约占40%，超市的食品摊区、品牌食品或者点心店、好口碑的饮食店、人流量较大的店佩戴口罩情况较好，如北国超市、好利来蛋糕店、太行外卖店、馄饨侯店等。不佩戴口罩以及佩戴不规范的比例约占60%，有的是不佩戴口罩，多数是将口罩露出鼻子或者拉至下巴处。此外，有的厨师提出，在高温、高湿、高油的后厨环境下，厨房人员佩戴一次性口罩不便于工作中的操作，还会出现换气不畅的情况，如出台规定应当方便工作，比如在检查原材料质量、闻味（检查菜品质量）时可摘口罩。

二是关于佩戴口罩的类型。疫情期间，按照《公众和重点职业人群戴口罩指引（2021年8月版）》，公共场所服务人员在工作期间全程戴医用外科口罩或以上防护级别口罩。非疫情期间，按照《GB31654-2021食品安全国家标准餐饮服务通用卫生规范》，专间和专用操作区内的从业人员操作时，应佩戴清洁的口罩。经实地调研，疫情期间，国有大型餐饮企业以及单位食堂使用的多为医用外科口罩或以上防护级别口罩，如云瑞国宾酒店、石家庄饭店、石家庄市税务局食堂等。其余明察点使用的多为一次性防护口罩。非疫情期间，国有大型餐饮企业、大型民营餐饮企业以及单位食堂，要求后厨佩戴透明口屏、头套、一次性手套等，要求传菜员佩戴透明口屏、一次性手套等，其他餐饮店未作特别要求。

三是关于口罩的提供。国有大型餐饮企业以及单位食堂基本能够免费提供符合国家和行业标准的口罩，如云瑞国宾酒店向餐饮服务从业人员每天免费提供200多副医用外科口罩，石家庄饭店、石家庄市税务局食堂免费提供医用外科口罩；其他具有一定规模的餐饮企业能够免费提供一次性防护口罩，如美丽华大酒店、百客咖啡店、CoCo 都可饮品店等。其他小规模餐饮企业不能确定是否免费提供口罩。

四是关于口罩更换的时间和频次。经过实地调研，各明察点均为定期更换，但频次不同。频次最短为 2 小时更换一次，如云瑞国宾酒店、中鸿计振头古镇等；有的为 2~4 小时更换一次，如石家庄饭店、石家庄美丽华大酒店、西美五洲酒店、光明渔港、湘君府、全聚德、CoCo 都可饮品店等；有的为 5~8 小时或者 1 天更换一次；最长的为 1~2 天更换一次。

五是关于对餐饮服务从业人员不按照规定佩戴口罩的行为是否设定行政处罚。经过实地调研，大部分餐饮企业及从业人员认为应当处罚，但是在数额上，有的从业人员建议对从业人员的处罚不应当超过 20 元，有的企业建议对餐饮服务提供者的处罚应当适当降低。还有的餐饮店建议，首次违法先予以批评教育，不改正再作处罚，少部分餐饮店提出佩戴口罩应当是鼓励倡导，不建议进行处罚。

2. 调查问卷情况

2022 年 4 月 12 日至 4 月 25 日，制作了网上调查问卷向全网发布，广泛征集意见，为了解餐饮行业真实情况，有针对性地开展调查，除利用工作人员个人社交网络发布调查问卷外，也请省、市、区三级市场监督管理局的有关同志，通过手机发出问卷。据统计，餐饮业从业人员参与人数（服务人员、经营者、监督管理人员等三类人）占比约 88%，明显带有行业性的特点，因此，调查更能集中反映整个餐饮行业佩戴口罩的客观情况。

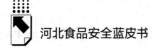

从调查问卷有关情况来看：一是在确保食品安全、防范疫情和保证公众健康方面，大多数受调查者认为佩戴口罩能起到保护作用。如有99.32%的受调查者认为餐饮业从业人员工作期间应当佩戴口罩；有99.1%的受调查者认为餐饮业从业人员佩戴口罩能保证食品安全；有97.74%的受调查者认为佩戴口罩能有效防范病毒；有95%的受调查者认为应当选择佩戴口罩情况良好的餐馆就餐。二是关于口罩更换的时间和频次基本符合相关规定。如，受调查者在2~4小时更换的为63%，在5~8小时更换的为22%，两者相加达到85%。三是能够接受不佩戴口罩的相应法律后果。受调查者同意对餐饮业服务人员不佩戴口罩的行为进行处罚的占比为80%。四是调查中发现，社会认可必须佩戴口罩人员的范围，多为厨师、后厨加工人员、传菜员、外卖员、餐厅服务员等能直接接触或者有机会接触餐饮食品的人员。统计显示，认为厨师、传菜员、餐厅服务员等必须佩戴口罩的受调查者超过88%；有的受调查者认为咖啡师、茶艺师、安保员、门卫、迎宾员也必须佩戴口罩，此类受调查者占比为80%~84%。五是在餐饮业从业人员佩戴口罩的原因方面，受调查者回答工作需要的占比为50.3%，回答个人原因的占比为46%。不愿意佩戴口罩的原因方面，受调查者回答不舒适的占比为56%。可以反映出餐饮业从业人员佩戴口罩会给工作带来一些不便，同时，从业人员能服从管理，但尚未形成个人自觉的规范意识。

3.调研总体印象及立法建议

近年来，受新冠肺炎疫情影响，不管是餐饮服务经营者、餐饮行业从业人员，还是广大社会公众，在思想上和行动上对佩戴口罩的行为已经达成共识，但离形成自觉规范还有一定的距离。其中，国有大型餐饮企业、机关单位食堂以及品牌餐饮店在佩戴口罩和食品卫生方面做得较好，大中型民营企业整体上符合要求，仅有个别企业存在不够规范的情况；而部分小餐馆、小摊点等由于监管的缺失或者不到位，仍然存在一些食品安全、食品卫生问题，应当持续加强宣传，加大监管力度。

根据调研情况，调研组提出立法建议：一是明确餐饮服务行业佩戴口罩的人员范围。建议不仅应当对厨师和后厨等从事食品加工、制作的人员进行规范，还应当对从事传菜、销售的餐饮服务从业人员进行规范。二是对佩戴口罩的要求建议区分疫情和非疫情时段。建议非疫情期间，按照《餐饮服务食品安全操作规范》的规定，餐饮服务从业人员应当规范佩戴清洁口罩；疫情期间按照《公众和重点职业人群戴口罩指引（2021年8月版）》佩戴医用外科口罩或以上防护级别口罩。三是建议对不佩戴口罩或者不规范佩戴口罩的行为设定法律责任。为增强法规刚性和约束力，设定行政处罚，重点是对餐饮经营企业法人或者负责人进行处罚，从而压实经营主体责任，同时对不佩戴口罩或者不规范佩戴口罩的餐饮服务从业人员进行批评教育等处罚。

（二）立法必要性和可行性

1. 立法的必要性

习近平总书记指出："要始终把保护人民群众生命安全作为最现实的'国之大者'。"河北省人大常委会制定该法规，十分必要且紧迫。一是贯彻落实中央和省委决策部署的重要举措。对餐饮服

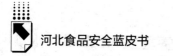

务从业人员佩戴口罩进行立法规范，是贯彻落实习近平总书记重要讲话精神，落实省委提出的"最大程度保护人民生命安全和身体健康，最大限度减少疫情对经济社会发展的影响"有关要求，以法治手段统筹推进常态化疫情防控和经济社会发展的重要举措。二是保证食品卫生和人民群众身体健康的需要。餐饮行业与老百姓的日常生活紧密相关，餐饮行业的食品卫生状况及疫情防控水平一直是社会公众关注的重点。在疫情防控常态化的背景下，某些餐饮服务从业人员不佩戴口罩或者不规范佩戴的现象时有发生，不仅导致食品卫生安全问题，也增加了疫情防控的风险隐患。通过出台《规定》，能够规范餐饮服务从业人员佩戴口罩行为，提高餐饮行业保障食品卫生安全的能力，强化餐饮业常态化疫情防控工作，依法保障人民群众身体健康。三是促进餐饮服务业健康发展的需要。通过出台《规定》，能够强化餐饮服务业公共卫生防范能力，倡导绿色发展理念，推动餐饮业提供绿色、健康、放心、安全的消费环境，塑造河北省餐饮服务企业自身品牌形象，提振消费者的消费信心，促进全省餐饮服务业持续健康发展。

2. 立法的可行性

一是具有相应的法律依据。《立法法》《食品安全法》《突发事件应对法》《行政处罚法》等法律，对食品安全和突发公共卫生事件都做出了明确规定。同时，地方性法规可以根据本地实际需要，对餐饮服务人员佩戴口罩进行规范，并设定相应的法律责任。因此，制定该规定有充分的法律依据。二是符合广大群众的意愿。食品安全问题已成为全社会关注的焦点。近年来，公众佩戴口罩的行为已逐渐形成自觉，对餐饮人员规范佩戴口罩的呼声较高，一些大型餐饮企业也已将从业人员佩戴口罩作为企业规章制度执行。因此，制定规定有稳固的群众基础。三是具备成熟的执法条件。市场监督管理部门已在日常执法中对餐饮服务从业人员佩戴口罩进行监督检查，但其监督依据仅为行政指导，没有强制执行力。因此，制定该规定能够提升执法部门的依法行政水平，具有更强的可操作性。四是可以提升立法质效。经过充分调研，此项立法专注餐饮业卫生安全措施，聚焦佩戴口罩具体问题，"切口小"，可以充分发挥地方立法精准、精细的优势，节约立法资源，提升立法质效。

（三）起草过程和主要内容

2022年4月21日，河北省人大常委会法工委会同省市场监督管理局、省卫生健康委员会、省商务厅成立了起草工作小组。根据国家法律和有关政策规定，结合河北实际，研究起草了《规定（草案）》初稿，征求了省直有关部门、设区的市人大常委会、雄安新区管委会、基层立法联系点和相关行业协会的意见，通过省人大常委会网站向社会公开征求意见，根据反馈意见对《规定（草案）》作了进一步完善。经河北省第十三届人民代表大会常务委员会第三十次会议审议通过，自公布之日起施行。

《规定》共九条，主要从适用范围、部门职责、从业人员佩戴口罩要求、餐饮服务提供者职责、监督举报和法律责任等方面作了规范。

1.划定适用范围，厘清相关概念

《规定》的适用范围决定了规定的对人效力和空间效力。餐饮服务从业人员佩戴口罩这一"小切口"立法，首先要对规定的生

效地域和规范对象进行界定。《规定》一是明确本规定适用于本省行政区域内的餐饮服务从业人员佩戴口罩及其监督管理活动；二是明确规范的领域，即本规定所称餐饮服务是指即时加工制作、商业销售和服务性劳动等向消费者提供食品的服务活动；三是在明确规范领域的基础上，对该领域从业人员范围进行界定，即本规定所称餐饮服务从业人员是指从事加工、制作、传菜、销售等餐饮服务工作的人员；四是明确餐饮服务提供者范围，即本规定所称餐饮服务提供者是指酒店、饭店、茶艺馆、饮品店、校外托管机构（小饭桌）、餐饮摊点等餐饮服务经营者以及单位食堂、中央厨房、集体用餐配送单位等。

2. 明确政府部门职责，强化行业管理

为加强对餐饮服务从业人员佩戴口罩的监督管理，《规定》对政府相关部门的职责进行了明确，同时，进一步强化了行业管理，健全了工作机制。一是规定市场监督管理部门负责规定的监督检查和执法工作，卫生健康主管部门负责规定的宣传引导和卫生健康防疫科普工作，商务主管部门按照职责指导行业协会共同做好规定的有关工作，其他有关部门按照规定的职责分工做好相关工作；二是加强行业协会对餐饮服务提供者的指导和服务，按照国家有关规定参与佩戴口罩规程和指引的制定、修订。

3. 规范从业人员佩戴要求，保障食品安全卫生

一是明确餐饮服务从业人员在工作期间应当佩戴符合国家、行业等相关标准的口罩，佩戴口罩应当遮住口鼻并及时更换；二是规定疫情期间餐饮服务从业人员在工作期间应当按照国家和本省疫情防控要求佩戴口罩。

4.完善餐饮服务提供者管理职责，提高服务水平

为强化餐饮服务业公共卫生防范能力，适应消费者对餐饮服务绿色、放心、安全、健康的新需求，促进河北省餐饮服务业持续健康发展，《规定》一是明确餐饮服务提供者应当加强对佩戴口罩的管理，免费为其从业人员提供符合国家、行业等相关标准的口罩；二是规定餐饮服务提供者应当依照国家相关规定收集处理废弃口罩；三是规定餐饮服务提供者应当在服务场所公示市场监督管理部门举报电话；四是规定餐饮服务提供者应当加强对其从业人员佩戴口罩的宣传教育。

5.健全公众监督举报制度，形成监管合力

为建立健全社会公众举报制度，动员广大社会公众积极参与对餐饮服务从业人员佩戴口罩的监督管理，形成监管合力，《规定》一是明确任何单位和个人发现餐饮服务从业人员未佩戴口罩或者未规范佩戴口罩的，有权向市场监督管理部门举报，市场监督管理部门接到举报后应当及时依法处理；二是明确新闻媒体应当开展餐饮服务从业人员佩戴口罩的公益宣传，加强舆论监督。

6.严格执法规范，提高执法水平

《规定》坚持教育为主、处罚为辅的原则。一是明确餐饮服务从业人员未佩戴口罩或者未规范佩戴口罩的，由县级人民政府市场监督管理部门责令改正，对能够及时改正的不予行政处罚，对拒不改正的，处十元以上五十元以下罚款。二是压实经营主体监管职责，规定餐饮服务提供者未尽到管理责任，其从业人员被累计处罚三人次以上的，由县级人民政府市场监督管理部门予以通报批评并处一千元以上二千元以下罚款；餐饮服务提供者未按照规定为其从

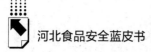
业人员免费提供符合国家、行业等相关标准的口罩的，由县级人民政府市场监督管理部门责令改正，拒不改正的，予以通报批评并处一千元以上二千元以下罚款。三是明确县级人民政府市场监督管理部门根据工作需要，可以依法委托乡镇人民政府、街道办事处行使本规定规定的行政处罚权。四是明确疫情期间对未按照防控要求规范佩戴口罩的，按照疫情防控相关法律规定予以处罚。

四　健全食品安全法治保障的实现路径

习近平总书记提出的"四个最严"要求，体现了以人民为中心的发展思想，是食品安全立法工作的指导方针。地方立法作为中国特色社会主义法律体系的重要组成部分，在营造食品安全工作法治环境、推进实现食品安全领域国家治理体系和治理能力现代化方面应当发挥更加突出的积极作用。

（一）对标对表党中央重大决策部署，把党的主张转化为法规规范

党的十九大报告明确提出实施食品安全战略，让人民吃得放心。2019 年 5 月 9 日实施的《中共中央、国务院关于深化改革加强食品安全工作的意见》（以下简称《意见》）指出："坚持依法监管。强化法治理念，健全法规制度、标准体系，重典治乱，加大检查执法力度，依法从严惩处违法犯罪行为，严把从农田到餐桌的每一道防线。"《意见》要求，健全覆盖从生产加工到流通消费全过程最严格的监管制度，严把产地环境安全关、农业投入品生产使

用关、粮食收储质量安全关、食品加工质量安全关、流通销售质量安全关、餐饮服务质量安全关，为加强食品安全地方立法工作指明了方向和主要工作任务。河北省委、省政府印发《关于深化改革加强食品安全工作的若干措施》，要求"健全法规规章。坚持'立改废'并举，加快构建现代化食品安全治理制度体系。依照法定权限，加快河北省食品安全、农产品质量安全、粮食安全保障等方面法规规章的制修订工作"。加强食品安全地方立法工作依然任重道远。

为更好地贯彻党中央和河北省委关于加强食品安全立法工作重大决策部署，一是要加强五年立法规划制定工作，将食品安全作为民生领域重点立法项目，予以优先考虑；二是要精准选题，加强食品安全法规项目论证工作，坚持问题导向，体现急需先立原则，把立法资源集中在焦点、难点、重点项目上来；三是要坚持以人为本，回应人民群众期盼，立法思路、原则和法规具体规范要充分体现以维护人民群众生命健康为根本出发点。

（二）加强食品安全领域创制性、小切口立法，提升立法质量

目前，关于食品安全的法律和地方性法规，从国家层面来看，有《食品安全法》《食品安全法实施条例》；从地方层面来看，有福建、安徽、广西等十余个省市制定了食品安全省级地方性法规。关于反对食品浪费，国家出台了《反食品浪费法》，有北京、天津、陕西等近十个省市出台了有关地方性法规。关于小餐饮、小作坊、小摊点管理，有浙江、吉林、江苏等近十个省市出台了省本级

法规。关于餐饮服务从业人员佩戴口罩，有福建、河南两省出台了法规。[①] 有一些设区的市也制定了有关食品安全的地方性法规。河北省人大常委会关于食品安全的立法工作，特别是本文介绍的三部地方性法规，都是创制性、小切口立法，积极贯彻落实党中央决策部署要求，针对性、适用性、可操作性很强，紧跟国家立法步伐，在全国范围内实现率先突破，有力发挥了立法引领、规范、推动和保障作用。但是总体来看，从食品安全工作的极端重要性考量，还存在食品安全全过程法治保障不充分问题，关于食品安全的地方性法规数量偏少，体系尚不健全，针对性仍需加强。加强食品安全创制性、小切口立法是补短板、强弱项的有力途径。

从地方立法实践来看，创制性立法是指立法主体根据《宪法》或者有关法律、行政法规确定的职权或者授权，就法律、行政法规尚未规定的事项创制新的法律规范的活动。创制性立法是地方立法赖以发展的生命力源泉。小切口立法是指在体例上突出"小快灵"，力求条文少而精，充分发挥地方立法有特色、精细化、可操作性强的优势，管用几条，就制定几条。加强食品安全领域创制性、小切口立法，具有以下特点。一是要体现探索性。在遵循上位法精神和国家有关要求的情况下，体现创新精神，主要从管理体制、机制制度建设、违法行为规制、严格法律责任等方面创制规范，如从加强产地环境、农业投入品管理，或者从加强消费领域各个行业监管等方面加以规制，体现地方立法先行先试作用。二是要体现补充性。对上位法没有规范的，或者规范不足的，特别是要从

---

① 数据统计梳理来源于中国人大网国家法律法规库，https://flk.npc.gov.cn/index.html。

加强食品安全全过程监管的视角，针对生产、加工、流通、消费的某一个环节、某一项工作，通过地方立法及时予以规范，哪里缺项就补哪里，哪里弱就强化哪里。三是要体现实践性。河北在强化食品安全监管方面形成的好的经验做法，如探索食品安全民事公益诉讼惩罚性赔偿制度、信用惩戒制度等，要及时提炼总结，并以法规形式予以固化提升，使之成为全省通行的要求，体现立法来源于实践，指导引领实践。

（三）加大法规实施监督力度，开展立法后评估

法的生命力在于实施。为避免法规被束之高阁，必须健全法规实施监督机制，创新完善监督方式，提升监督刚性，确保法规真正落地见效。作为立法机关，河北省人大及其常委会有关专门委员会、有关工作机构要加强与其他监督机关，以及与实施机关的工作联系，密切协调沟通，高度重视发现执法用法问题，深刻剖析问题根源，进而修改完善法规，实现立法和监督"两促进"。

食品安全关系国计民生、关系社会稳定、关系人民群众生命健康，食品安全立法加强评估工作十分必要。一是要开展立法过程评估，主要围绕法规调整对象范围、主要制度设计、出台时机和可能造成的影响，以及具体规范的可行性、针对性、可操作性特别是合法性等方面。二是要开展立法后评估，主要围绕贯彻执行情况、对经济社会发展的影响、社会各界评价等方面。三是要坚持自行评估和第三方评估相结合，特别是为提升评估真实性、客观性，可以委托高等院校、科研机构或者其他社会组织开展立法评估，并且把立法评估意见作为加强食品安全领域立法的重要参考。

今后，河北省人大常委会将深入贯彻落实习近平新时代中国特色社会主义思想，坚持以习近平总书记重要指示批示精神为根本遵循，践行以人民为中心的发展思想，始终把加强食品安全法治保障作为重要立法方向，努力让人民群众的获得感成色更足、幸福感更可持续、安全感更有保障。

B.12

食品中新型污染物检测技术研究进展

史国华 张岩 范素芳*

摘 要： 本文对食品中过敏原、氯酸盐、高氯酸盐、晚期糖基化终末端产物等新型污染物检测技术进行了综述。随着食品工业的发展，新型食品不断涌现，食品中新型污染物也会更新换代。为保障群众舌尖上的安全，食品中污染物的检测技术也必须不断更新。

关键词： 食品 新型污染物 检测技术

广义的食品污染物是指食品从生产（包括农作物种植、动物饲养和兽医用药）、加工、包装、贮存、运输、销售直至食用等过程中产生的或由环境污染带入的、非有意加入的化学危害物质。[①] 随着社会发展和人们生活水平的提高，人们关注的食品中污染物也在不断变化，过敏原、氯酸盐、高氯酸盐、晚期糖基化终末端产物等新型污染物逐渐成为食品安全关注的焦点之一。

---

* 史国华，河北省食品检验研究院主任药师，长期从事食品安全检测与研究工作；张岩，河北省食品检验研究院研究员，长期从事食品安全检测与研究工作；范素芳，河北省食品检验研究院高级工程师，长期从事食品安全检测与研究工作。
① 邵懿、吴永宁：《我国食品污染物标准建设成效及发展趋势》，《中国食品卫生杂志》2020 年第 5 期。

一 食品中过敏原及其检测方法研究进展

食品过敏作为食品安全的热点问题已经在全球引起了广泛关注。[①] 据统计全世界有 5%~8% 的儿童和 2%~3% 的成人对食物过敏，[②] 而 90% 以上的食物过敏是由牛奶、花生、鸡蛋、大豆、小麦、坚果、鱼类、甲壳类这八大类食物引起的。[③] 流行病学调查表明我国约 6% 的成年人存在食物过敏问题，而最常引起过敏的食物包括水产品、牛奶和鸡蛋。[④] 食物过敏严重影响过敏人群的身体健康和生活质量，因为食物过敏可能引起皮肤红肿、哮喘、鼻炎等疾病的发生，有的过敏还出现虚脱、休克能症状，严重时甚至危及生命。[⑤] 过敏患者通常无法自愈，只能通过避免食用过敏原来预防过敏的产生，各国均采用食品标签的方法对食品中可能含有的过敏原

[①] 杨阳、何欣蓉、何少贵等：《食品中过敏原及其检测方法的研究进展》，《食品安全质量检测学报》2021 年第 14 期。

[②] L. Monaci, A. Visconti., Mass Spectrometry-based Proteomics Methods for Analysis of Food Allergens. *Trends in Analytical Chemistry.* 2009, 28（5）, 581-591; R. Korte, D. Oberleitner, J. Brockmeyer., Determination of Food Allergens by LC-MS: Impacts of Sample Preparation, Food Matrix, and Thermal Processing on Peptide Detectability and Quantification. *Journal of Proteomics.* 2019, 196 (30), 131-140.

[③] K. Sefat, S. Andrew, P. Marion, et al., Effect of Processing on Recovery and Variability Associated with Immunochemical Analytical Methods for Multiple Allergens in a Single Matrix: Sugar Cookies. *Journal of Agricultural and Food Chemistry*, 2012, 60（17）, 4195-4203.

[④] T. Ruethers, A. Taki, E. Johnston, et al., Seafood Allergy: A Comprehensive Review of Fish and Shellfish Allergens. *Molecular Immunology*, 2018, 100: 28-57.

[⑤] 杨阳、何欣蓉、何少贵等：《食品中过敏原及其检测方法的研究进展》，《食品安全质量检测学报》2021 年第 14 期。

进行标注，以期保护消费者。①

目前，聚合酶链式反应（Polymerase Chain Reaction，PCR）②、酶联免疫（Enzyme-linked Immunosorbent Assay，ELISA）③ 和基于质谱的蛋白组学技术④是食品中过敏原定量最常用的三大类方法。

---

① 宁晖、房芳、邵亮亮、应美蓉等：《食品过敏法规及其检测技术现状》，《食品安全质量检测学报》2020 年第 12 期。

② W. J. Zhang, Q. Cai, X. Guan, et al., Detection of Peanut（Arachis Hypogaea）Allergen by Real-Time Pcr Method with Internal Amplification Control. *Food Chemistry*, 2015, 174：547-552；E. Pierboni, C. Rondini, S. Zampa, et al., Evaluation of Rice as Unregulated Hidden Allergen by Fast Real-Time Pcr. *Journal of Cereal Science*, 2020, 92：102929；S. M. Suh, M. J. Kim, H. I. Kim, et al., A Multiplex Pcr Assay Combined with Capillary Electrophoresis for the Simultaneous Detection of Tropomyosin Allergens from Oyster, Mussel, Abalone, and Clam Mollusk Species. *Food Chemistry*, 2020, 317：126451；J. Costa, J. S. Amaral, L. Grazima, et al., Matrix-Normalised Real-Time Pcr Approach to Quantify Soybean as a Potential Food Allergen as Affected by Thermal Processing. *Food Chemistry*, 2017, 221：1843-1850.

③ A. V. Nguyen, K. M. Williams, M. Ferguson, et al., Enhanced Quantitation of Egg Allergen in Foods Using Incurred Standards and Antibodies against Processed Egg in a Model Elisa. *Anal Chim Acta*, 2019, 1081：157-167；L. Monaci, M. Brohee, V. Tregoat, et al., Influence of Baking Time and Matrix Effects on the Detection of Milk Allergens in Cookie Model Food System by Elisa. *Food Chemistry*, 2011, 127（2）：669-675；M. Montserrat, D. Sanz, T. Juan, et al., Detection Ofpeanut（Arachis Hypogaea）Allergens in Processed Foods by Immunoassay：Influence of Selected Target Protein and Elisa Format Applied. *Food Control*, 2015, 54：300-307.

④ J. V. N. Hubert Chassaigne, Arjon J. van Hengel, Proteomics-Based Approach to Detect and Identify Major Allergens in Processed Peanuts by Capillary Lc-Q-Tof（Msms）. J. Agric. *Food Chemistry*, 2007, 55：4461-4473；R. Pilolli, E. de Angelis, L. Monaci, Streamlining the Analytical Workflow for Multiplex Ms/Ms Allergen Detection in Processed Foods. *Food Chemistry*, 2017, 221：1747-1753；K. Van Vlierberghe, M. Gavage, M. Dieu, et al., Selection of Universal Peptide Biomarkers for the Detection of the Allergen Hazelnut in Food Trough a Comprehensive, High Resolution Mass Spectrometric（Hrms）Based （转下页注）

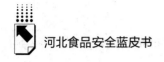

（一）ELISA 法

ELISA 是基于抗原抗体特异性吸附的测定技术，在过敏原检测中应用较为广泛。[1] 食物过敏是由表位引起的，食品加工会改变表位结构，从而影响其致敏性。[2] Ma 等建立了竞争 ELISA 法检测大豆球蛋白，首先经过纯化制备了大豆球蛋白，以大豆球蛋白为抗原制备了单克隆抗体 Mab 3B2 和 Mab 4B2，并用制备的单抗建立了竞争 ELISA 方法。[3] 方法的检出限为 0.3 ng/mL，线性范围为 0.3 ~ 11.2 ng/mL，该方法具有良好的重现性。Khuda 等[4]和 Parker 等[5]分别考察了焙烤对牛奶、鸡蛋和花生过敏原的影响，采用商业试剂盒分别检测焙烤前后过敏原的含量，结果表明加热焙烤会使过敏原含量降

（接上页注④）Approach. *Food Chemistry*, 2020, 309: 125679; M. X. Chen, H. Yang, Y. - N. Ma, et al., Absolute Quantification of Allergen Glb33 in Rice by Liquid Chromatography-Mass Spectrometry Using Two Isotope-Labeled Standard Peptides. *Journal of Agricultural and Food Chemistry*, 2019, 67 (17): 5026-5032.

[1] 范建涛、张爱琳、姚尧等：《间接竞争 ELISA 法检测坚果类过敏原特异性研究》，《食品工业科技》2015 年第 24 期。

[2] 郭颖慧、霍胜楠、孟静、孙潇慧：《食品过敏原检测技术研究进展》，《食品安全质量检测学报》2019 年第 16 期。

[3] X. Ma, P. Sun, P. He, et al., Development of Monoclonal Antibodies and a Competitive Elisa Detection Method for Glycinin, an Allergen in Soybean. *Food Chemistry*, 2010, 121 (2): 546-551.

[4] S. Khuda, A. Slate, M. Pereira, et al., Effect of Processing on Recovery and Variability Associated with Immunochemical Analytical Methods for Multiple Allergens in a Single Matrix: Sugar Cookies. *Journal of Agricultural and Food Chemistry*, 2012, 60 (17): 4195-4203.

[5] C. H. Parker, S. E. Khuda, M. Pereira, et al., Multi-Allergen Quantitation and the Impact of Thermal Treatment in Industry-Processed Baked Goods by Elisa and Liquid Chromatography - Tandem Mass Spectrometry. *Journal of Agricultural and Food Chemistry*, 2015, 63 (49): 10669-10680.

低。不同加工过程可能导致过敏原变性，从而影响过敏原与抗体的结合，结果可能出现假阴性。通常 ELISA 法定量范围比较窄，因此样品检测过程往往需要进行稀释。Monaci 等[1]研究了样品稀释对 ELISA 法定量结果的影响，结果表明所有的样品稀释等操作均会影响检测结果。另外，ELISA 也存在检测通量低、有交叉反应等问题，这也在一定程度上制约了该类方法的应用。

（二）PCR 法

PCR 技术是一种在体外模拟体内 DNA 复制的核酸扩增技术，其特异性依赖于与靶序列两端互补的寡核苷酸引物。[2] 与基于蛋白质水平的检测方法相比，PCR 技术的优势在于经食品加工后 DNA 分子仍可有效提取且稳定性较好，因此能够同时检测多种过敏原的多重 PCR 方法逐渐发展起来。[3] 但是多重 PCR 检测方法也有不足之处，主要体现在同一体系中用多对引物对不同片段进行扩增时，引物设计、反应温度、离子强度等条件都会影响目标片段扩增的准确度。Higuchi 等在 1992 年提出实时 PCR，通过在 PCR 反应体系中加入荧光基团，利用荧光基团产生的荧光信号变化动态监测

---

[1] L. Monaci, M. Brohee, V. Tregoat, et al. Influence of Baking Time and Matrix Effects on the Detection of Milk Allergens in Cookie Model Food System by Elisa. Food Chemistry, 2011, 127（2）：669 - 675, Evaluation of Rice as Unregulated Hidden Allergen by Fast Real-Time Pcr. *Journal of Cereal Science*, 2020, 92：102929.

[2] 杨阳、何欣蓉、何少贵等：《食品中过敏原及其检测方法的研究进展》，《食品安全质量检测学报》2021 年第 14 期。

[3] 王雅清、倪皓洁、李华韬等：《食物过敏原检测技术研究进展》，《食品工业科技》2019 年第 13 期。

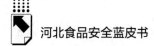

PCR 反应的全过程。[①] 许银叶等利用实时荧光 PCR 法测定婴幼儿辅助食品中过敏原鱼类成分，用于特异性试验的 18 个样品中，只有鱼类出现特异性扩增，方法的检出限低于 0.01%。[②] 但是 PCR 技术也有一定的局限性，如实验步骤烦琐、容易出现假阳性、对操作人员要求高等。

（三）蛋白质组学技术

近年来，基于质谱的蛋白组学技术越来越多地用于食品中过敏原的检测。[③] 该技术是将食品中的过敏原完整蛋白或蛋白酶解肽段通过质谱进行定性定量分析。蛋白酶解最常用胰蛋白酶，利用合适的提取溶液把食品中过敏原提取出来，然后经胰蛋白酶酶解，酶解后的肽段经过纳升级液相-高分辨质谱进行测定，结合谱库检索在肽段水平选取每种过敏原的特征肽段，基于特征肽段建立常规三重四极杆质谱定量方法是目前采用较为广泛的检测过敏原蛋白的策略。Fan 等人建立了基于超高效液相色谱-串联质谱法检测虾蟹中过敏原原肌球蛋白，样品提取液经自制免疫亲和柱净化后，经胰蛋白酶酶解，酶解液经高分辨质谱检测后找到特征肽段，以特征肽段为检测目标建立液相色谱-串联质谱检测方法，方法的定量限达

① T. S. Kang, Basic Principles for Developing Real-time PCR Methods Used in Food Analysis: A Review. *Trends Food Sci Technol*, 2019, 91: 574-585.

② 许银叶、苏少霖、许佩勤等：《实时荧光 PCR 法测定婴幼儿辅助食品中过敏原鱼类成分》，《食品安全质量检测学报》2020 年第 8 期。

③ V. Marzano, B. Tilocca, A. G. Fiocchi, et al., Perusal of Food Allergens Analysis by Mass Spectrometry-Based Proteomics. *Journal of Proteomics*, 2020, 215: 103636.

0.1mg/g。[1] 宁亚维等人用超高效液相色谱-串联质谱建立了鸡蛋中过敏原卵白蛋白[2]和牛奶中过敏原β-乳球蛋白、α_{s1}-酪蛋白和α_{s2}-酪蛋白的检测方法。[3] 质谱法具有分析速度快、灵敏度高、特异性高、鉴别能力强和检测通量高等优点。

二 食品中氯酸盐和高氯酸盐检测方法研究进展

高氯酸盐是一种新型持久性环境污染物，在运载火箭和烟花爆竹的燃料中大量存在，残留在环境中的高氯酸盐可通过空气、水源途径进入生产环节。[4] 高氯酸盐通过影响甲状腺激素 T3 及 T4 的合成和释放，从而导致甲状腺功能退化，干扰人体甲状腺对碘的吸收，进而影响生物体的正常生理功能，特别是对孕妇及婴儿健康有较大威胁。[5] 据报道在饮用水、饮料中普遍存在高氯酸盐污染，另外在果蔬、谷物、肉制品中也存在高氯酸盐污染的问题，水产品更容易富集高氯酸盐，因此摄入风险相对较高。[6] 氯酸盐是一种重要的化

① S. F. Fan, J. M. Ma, C. S. Li, et al., Determination of Tropomyosin Inshrimp and Crab by Liquid Chromatography-tandem Mass Spectrometry Based on Immunoaffinity Purification. *Frontiers in Nutrition*, 2022, 9, 848294.

② 宁亚维、刘苗、范素芳等：《超高效液相色谱-串联质谱法检测食品中鸡蛋过敏原卵白蛋白》，《食品科学》2018 年第 20 期。

③ 宁亚维、刘苗、杨正等：《UPLC-MS/MS 法同时检测食品中 3 种主要牛奶过敏原》，《食品科学》2021 年第 8 期。

④ 董恒涛、张亚锋、艾芸等：《超高效液相色谱-串联质谱法测定婴幼儿配方奶粉中的高氯酸盐和氯酸盐残留》，《食品安全质量检测学报》2021 年第 16 期。

⑤ 凌小方、李铭、刘高：《食品中高氯酸盐的污染现状及检测技术研究进展》，《四川化工》2020 年第 6 期。

⑥ 才凤、贾宏新、周明、许笑微：《反相超高效液相色谱-串联质谱法测定大米中氯酸盐和高氯酸盐》，《食品安全质量检测学报》2019 年第 32 期。

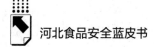

工原料，在工农业生产中有广泛应用。氯酸盐是使用氯、二氧化氯、次氯酸盐等消毒剂对饮用水消毒时产生的副产物，在食品生产线上，经过消毒处理的水被循环利用，可导致氯酸盐残留在食品中。[1]

食品中氯酸盐和高氯酸盐的检测主要集中在离子色谱法和液相色谱-串联质谱法。[2] 王浩等建立了基于液相色谱-串联质谱的方法，检测食品中的氯酸盐和高氯酸盐，样品经超声提取、PRiME HLB 固相萃取柱净化后进行检测，该方法采用内标法定量。[3] 张志敏等建立了茶叶中高氯酸盐的离子色谱串联质谱检测方法，茶叶样品经浸提后，样品萃取液经色谱柱分离，经质谱进行检测，方法定量限为 6μg/kg。将该方法用于不同种类茶叶中高氯酸盐的分析，均检出不同浓度高氯酸盐的存在，浓度为 97.0 ~ 2710μg/kg。[4] 婴幼儿配方乳粉中氯酸盐和高氯酸盐的污染是近年来大家关注度较高的问题，张文婷等人建立了基于超高效液相色谱-串联质谱法测定婴幼儿配方奶粉中氯酸盐和高氯酸盐，氯酸盐和高氯酸盐的检出限分别为

① 张卿、毛伟峰、郭卫东等：《某市液态奶中氯酸盐和高氯酸盐污染来源分析》，《食品安全质量检测学报》2021 年第 20 期。

② 张立佳、胡雪、文静等：《UPLC-MS/MS 同时检测婴幼儿配方乳粉中氯酸盐和高氯酸盐残留》，《中国酿造》2021 年第 6 期；詹胜群、张浩、周钧等：《超高效液相色谱-串联质谱法测定婴幼儿配方乳粉中氯酸盐和高氯酸盐》，《食品科技》2022 年第 1 期；王娟、刘阿静、王新潮等：《超高效液相色谱-串联质谱法测定环境样品中高氯酸盐和氯酸盐的含量》，《质量安全与检测》2022 年第 1 期；张少华、应璐、张书芬等：《超声辅助热水提取-离子色谱法同时测定蔬菜中的硫氰酸盐和高氯酸盐》，《食品工业科技》2019 年第 7 期。

③ 王浩、张旭、张彬等：《液质联用法测定食品中氯酸盐和高氯酸盐》，《食品工业》2021 年第 8 期。

④ 张志敏、史亚利、王文倩等：《茶叶中高氯酸盐的离子色谱串联质谱分析》，《环境化学》2022 年第 2 期。

0.35μg/kg 和 0.12μg/kg。[①] 张小刚等建立了基于 QuEChERS-超高效液相色谱-串联质谱法测定水果中高氯酸盐，方法的检出限为 0.8 μg/kg，在 10μg/kg、20μg/kg、100μg/kg 添加水平下，方法的回收率为 87.7%~102%。[②] 黄永桥等采用超高效液相色谱-串联质谱技术建立了猪肉和牛肉中高氯酸盐的检测方法，试样用甲醇-超纯水溶液（7∶3，V/V）提取，离心，上清液经 PRiME HLB 固相萃取柱净化，经色谱柱分离、多反应监测负离子模式进行检测，外标法定量，方法的检出限为 1μg/kg。[③]

三　食品中晚期糖基化终末端产物检测方法研究进展

晚期糖基化终末端产物（Advanced Glycation end Products，AGEs）是由葡萄糖或其他还原糖和脂质、蛋白质、多肽、氨基酸的末端游离氨基酸等通过美拉德反应途径生成的一系列结构复杂的共价加成物总称，目前已经鉴定的包括羧甲基赖氨酸、羧乙基赖氨酸、吡咯素等 20 余种。[④] 食源性 AGEs 能够进入人体血液循环，与人体

---

① 张文婷、华永有、陆秋艳等：《超高效液相色谱-串联质谱法测定婴幼儿配方乳粉中氯酸盐和高氯酸盐》，《卫生研究》2021 年第 4 期。

② 张小刚、徐志华、孙洪峰：《QuEChERS-超高效液相色谱-串联质谱法测定水果中高氯酸盐》，《食品安全质量检测学报》2021 年第 10 期。

③ 黄永桥、马凯、吴新文等：《UHPLC-MS/MS 法测定猪肉和牛肉中的高氯酸盐》，《食品工业》2019 年第 12 期。

④ 徐正华、梁玉粲、朱克卫等：《食品中晚期糖基化中间产物及终末端产物研究进展》，《食品安全质量检测学报》2020 年第 5 期。

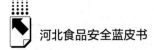
内氧化应激和炎症的发生密切相关，这也是导致糖尿病并发症、神经退行性疾病和心血管疾病等慢性疾病发生加重的关键因素。[1]

目前，用于 AGEs 检测分析方法主要有酶联免疫吸附法、光谱法、色谱质谱联用法等。[2]

（一）ELISA 法

Goldberg 等采用 ELISA 法检测了 250 种食品中常见 AGEs 的含量，脂肪中的 AGEs 含量最高，平均含量为 100+/−19 kU/g。肉制品和肉制品代用品中 AGEs 含量也较高，平均含量为 43+/−7 kU/g。碳水化合物中 AGEs 最低，平均含量为 3.4+/−1.8 kU/g。所有食品类别中 AGEs 的含量都与烹饪温度、烹饪时间长短和水分的多少有关。烘烤（225 摄氏度）和油炸（177 摄氏度）的 AGEs 含量最高，其次是烘焙（177 摄氏度）和煮沸（100 摄氏度）。结果表明，饮食可能是 AGEs 的重要环境来源，可能构成心血管和肾脏损害的慢性危险因素。[3] Uribarri 等建立了 ELISA 方法检测高脂肪和蛋白质的动物性食品中的 AGEs，并对不同种类样品中 AGEs 含量进行了检测。结果表明高脂肪和蛋白质的动物性食品通常富含 AGEs，在烹饪过程中容易形成新的 AGEs。相反，富含碳水化合物的食物，

---

① 程威威、王霞、张忠飞等：《基于 UPLC-QqQ-MS/MS 同步检测热加工食品中典型晚期糖基化终末产物》，《食品科学》2021 年第 10 期。

② 焦淑玲、权科佳、何孝文等：《晚期糖基化终末端产物的检测方法》，《生物化工》2021 年第 4 期。

③ T. Goldberg, W. Cai, M. Peppa, et al., Advanced Glycoxidation end Products in Commonly Consumed Foods. *Journal of the American Dietetic Association*, 2004, 104 (8): 1287-1291. DOI: 10.1016/j. jada. 2004. 05. 214.

如蔬菜、水果、全谷物和牛奶，即使在烹饪后，也含有相对较少的 *AGEs*。[①]

（二）光谱法

由于各类 AGEs 具有不同的光学特性，因此可以通过荧光光谱法来检测 AGEs 含量。房红娟等采用荧光光谱法测定高蛋白食品加工模拟体系中的 AGEs，采用的激发波波长为 370nm、发射波长为 440nm，结果表明蛋白质含量和脂肪含量较高的食品（如肉类、奶片、饼干、麻花、巧克力）的 AGEs 含量比碳水化合物、水分含量较高的食品（苹果、可乐、面皮、白吉饼）中的 AGEs 含量高。[②] Chhabra 等[③]用荧光光谱法检测食用油中的 AGEs 含量，结果发现食用油在反复加热后荧光 AGEs 的含量显著升高，使用酸性物质（如酸橙汁）有助于在家庭烹饪过程中降低 AGEs 的生成量。

（三）色谱质谱联用法

杨阳等采用高效液相色谱法检测晚期糖基化产物前体物质，并对柱前衍生化条件进行了优化。[④] 程威威等建立了超高效液相色

---

① J. Uribarri , S. Woodruff, S. Goodman , et al. , Advanced Glycation End Products in Foods and a Practical Guide to Their Reduction in the Diet. *Journal of the American Dietetic Association*, 2010, 110 （6）: 911–916. e12.

② 房红娟、王丽娟、张双凤等：《高蛋白食品加工模拟体系中晚期糖基化末端产物的形成》，《中国食品学报》2014 年第 2 期。

③ A. Chhabra, A. Bhatia, A. K. Ram, et al. , Increased Advanced Glycation End Product Specific Fluorescence in Repeatedly Heated Used Cooking Oil. *Journal of Food Science and Technology*, 2017, 54 （8）: 2602–2606.

④ 杨阳、严敏、朱美旗、高文运：《HPLC 法检测晚期糖基化产物前体物质的柱前衍生化条件优化》，《化学工程师》2020 年第 6 期。

谱-三重四极杆串联质谱法测定热加工食品中羧甲基赖氨酸和羧乙基赖氨酸含量的检测方法，脱脂样品经硼氢化钠还原后，沉淀蛋白、酸水解，经 Oasis MCX 固相萃取柱净化和富集后经色谱柱分离，多反应监测模式进行定性定量分析，羧甲基赖氨酸和羧乙基赖氨酸的检出限分别为 8ng/g 和 10ng/g。[①] 刘婧等采用 HPLC-MS/MS 技术建立了绿茶中羧甲基赖氨酸和羧乙基赖氨酸的检测方法，方法在 10~300ng/L 浓度范围内线性关系良好，检出限为 1.0ng/mg。[②]

四 结语

随着食品工业的不断发展，新型食品不断涌现，食品中新型污染物也会随之而来。依据《中华人民共和国国民经济和社会发展第十四个五年规划和 2035 年远景目标纲要》和国家发展改革委印发实施的《"十四五"生物经济发展规划》，合成生物学将在新型食品研发中占据重要地位。合成生物食品等新型食品原料及生产加工过程中潜在的风险因素都有可能出现在最终的产品中，因此检验方法的开发也必须与时俱进。

[①] 程威威、王霞、张忠飞等：《基于 UPLC-QqQ-MS/MS 同步检测热加工食品中典型晚期糖基化终末产物》，《食品科学》2021 年第 10 期。

[②] 刘婧、王彬、罗劲松等：《绿茶中两种晚期糖基化终末端产物同步检测研究》，《食品工业》2017 年第 1 期。

B.13

2021年河北省食品安全社会
公众综合满意度调查报告

河北省市场监督管理局

摘　要：　2021年11月，河北省市场监督管理局委托第三方调查机
构对河北省的食品安全社会公众综合满意度进行了问卷调
查。调查结果显示，2021年河北省食品安全社会公众综合
满意度为83.18%，较2020年的83.15%提升了0.03个百
分点，并形成了《2021年河北省食品安全社会公众综合
满意度调查报告》（以下简称《报告》）。《报告》分为以
下8个部分：满意度调查基本情况、公众综合满意度情
况、公众对分项指标的评价、公众对主要食品种类的评
价、公众对主要食品经营场所的评价、公众关注的食品安
全问题、公众对食品安全监管举措有效性评价、公众对食
品安全保障工作的意见建议。

关键词：　社会公众　食品安全　问卷调查　河北省

　　"民以食为天，食以安为先"，食品安全是重大的基本民生问
题，党中央、国务院及各级政府部门高度重视，人民群众密切关

注。近年来，党中央、国务院更是把食品安全工作提到前所未有的高度，党的十九大报告中提出"实施食品安全战略，让人民吃得放心"。食品安全工作已逐步上升到国家战略层面，成为国家公共安全的重要组成部分，直接关系着人民群众的身体健康和生命安全。

为了科学客观地评价河北省食品安全工作，提高对食品安全现状的整体认识，河北省市场监督管理局委托第三方调查机构，于2021年11月，对全省11个地级市、雄安新区和定州市、辛集市2个省直管县①开展食品安全满意度调查工作，以掌握和发现食品安全存在的问题，及时、准确、全面地了解各地人民群众对食品安全的诉求，同时为河北省食品安全工作提供科学的参考依据，并在一定程度上推动和完善食品安全监管体制和食品安全全程监管机制，促进食品安全依法监管、科学监管、有效监管，推动食品安全形势持续改善。

本次问卷调查依据国家、河北省相关食品安全的法律法规、制度和规范，以及有关满意度测评、指标体系构建、样本量确定、抽样方法、数据采集、指标赋权、数据统计、数据加工、数据处理、数据分析和结果应用等方面的国家、行业和地方标准，构建了2021年河北省食品安全社会公众综合满意度调查指标体系。在调查方法上，通过比较分析非现场调查方式和现场调查方式等多种数据采集方式的优缺点，并考虑到2021年新型冠状病毒疫情防控状况，最终采用以网络调查为主、以微信调查和电话调查为辅的调查

---

① 全省11个地级市、雄安新区和定州市、辛集市2个省直管县，以下简称各市（区）、省直管县。

方法。

本次调查根据数理统计理论，确定"总体初步样本量"为19741份，总体置信水平为99.9%，允许误差为1%。将"总体初步样本量"依据各市、县两级的人口占比进行分层分布，当分布到县级区域的样本量低于100份时，按100份计，定州市、辛集市和雄安新区低于500份时，按500份计，得到"计划样本量"为22677份。此外，为保障有效问卷达到"计划样本量"要求，将"计划样本量"再按15%的比例进行扩大，最后确定"实际发放样本量"为26721份。在数据统计与分析环节，各项指标的权重按熵值赋权法进行赋权，最终每一项指标的得分与指标的权重相乘为该项指标的最终得分。

一 满意度调查基本情况

（一）指标体系介绍

重点依据国家有关食品安全工作方面的法律法规、制度、规范和标准中的相关要求，遵循指标体系设计的目的性、方向性、完备性、整体性、一致性、可操作性、独立性、显著性、可比性和动态性10个原则，按照初步构建、初步筛选、定量筛选、合理性检验和反馈性检验五阶段构建模型，构建出本次河北省食品安全社会公众综合满意度评价指标体系（见表1）。

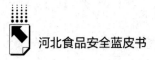

表1　河北省食品安全社会公众综合满意度评价指标体系

总指标	一级指标	二级指标
食品安全社会公众综合满意度	总体评价	食品安全总体状况
	食品安全监管与服务工作	地方党委、政府食品安全保障工作
	主要食品种类食品安全现状	米、面、油
		蔬菜、水果
		肉、肉制品
		乳、乳制品
		酒水、饮料
	主要食品经营场所食品安全现状	商场、超市
		农贸市场
		网络订餐
		饭店、餐馆
	关注的食品安全问题	食品过期变质、农药兽药残留超标、重金属含量超标、假冒伪劣食品、小餐饮/小摊点卫生、违规使用添加剂、散装食品卫生、没有明确标识转基因食品、农村食品安全、城乡接合部食品安全等问题
	食品安全监管举措	推行信用监管、推行智慧/信息化监管、餐饮业"明厨亮灶"、各类示范创建活动、推行食品安全责任保险、小作坊/小摊贩/小餐饮的规范化管理、食品生产集中区域整治提升、农村食品专项整治、学校及校园周边食品专项整治、保健食品行业整治、发动群众推行社会多元共治
	需要加强食品安全保障的建议	加强日常监管、创新监管举措、加大处罚力度、严厉打击违法、加强投诉举报、加强食品抽检、曝光违法企业、树立先进典型、强化消费者教育、加大科普宣传力度

（二）问卷回收情况

本次调查向全省 11 个地级市、雄安新区和定州市、辛集市 2 个省直管县，共发放调查问卷 26721 份（见表 2），实际回收样本量 24955 份，回收率 93.39%，① 为"计划样本量"22677 份的 110.05%。

表 2　河北省各市（区）、省直管县调查问卷回收情况

单位：份，%

序号	市(区)、省直管县	实际发放样本量	实际回收样本量	回收率
1	石家庄市	3609	3339	92.52
2	邯郸市	3058	2605	85.19
3	邢台市	2529	2478	97.98
4	保定市	3126	2760	88.29
5	秦皇岛市	1134	1122	98.94
6	张家口市	1971	1886	95.69
7	唐山市	2455	2194	89.37
8	衡水市	1486	1457	98.05
9	沧州市	2494	2450	98.24
10	承德市	1329	1320	99.32
11	廊坊市	1766	1629	92.24
12	定州市	588	574	97.62
13	辛集市	588	586	99.66
14	雄安新区	588	555	94.39
	合计	26721	24955	93.39

（三）受访者基本情况

本次调查的受访者中：

（1）居民类别：如图 1 所示，城镇居民占比 65.63%，乡村居民占比 34.37%。

---

① 回收率＝实际回收的样本量份数÷实际发放的样本量份数×100%。

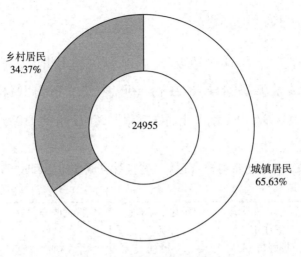

图1 受访者居住地情况

（2）年龄构成：如图2所示，18~30岁占比最高，为33.05%；其次是31~40岁和41~50岁受访者，占比分别为32.08%和21.56%。

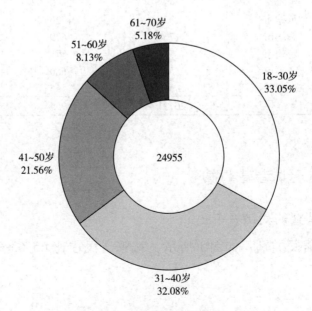

图2 受访者年龄构成

50 岁及以下合计 86.69%，50 岁以上合计 13.31%。

（3）文化程度构成：如图 3 所示，大学（大专及以上）学历占比最高，为 54.66%；高中（含中专）和初中学历占比分别为 21.24% 和 17.50%；小学及以下学历占比最少，为 6.60%。

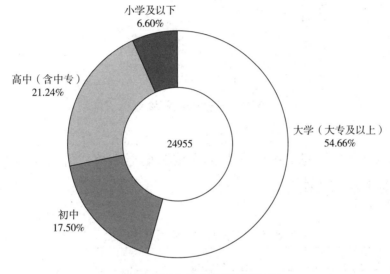

图 3　受访者文化程度构成

（4）职业构成：如图 4 所示，个体商户占比最高，为 37.20%；其次是公司职员、事业单位/公务人员和自由职业者，占比分别为 17.85%、14.23% 和 12.95%，上述四者之和为 82.23%。此外退休/离休人员占比 7.84%，学生占比 4.78%，务农人员占比 2.60%，其他人员占比 2.55%。

（四）指标权重

本次调查问卷涉及食品安全满意度的指标共计 11 项，通过本

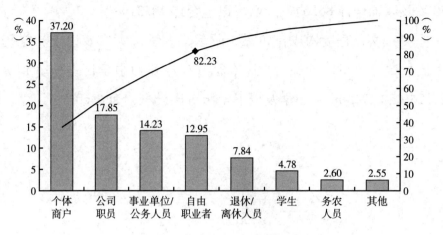

图4　受访者职业构成

次问卷调查获取的 24955 份数据，按照熵值赋权法进行统计计算，获得各项指标的权重（见表3）。

表3　各项满意度指标的权重

序号	指标	权重
1	食品安全总体状况	0.0752
2	地方党委、政府食品安全保障工作	0.0792
3	饭店、餐馆食品安全状况	0.1119
4	米、面、油食品安全状况	0.0655
5	蔬菜、水果食品安全状况	0.0956
6	肉、肉制品食品安全状况	0.1321
7	乳、乳制品食品安全状况	0.0931
8	酒水、饮料食品安全状况	0.0955
9	商场、超市食品安全状况	0.1127
10	农贸市场食品安全状况	0.0818
11	网络订餐食品安全状况	0.0574
	合计	1.0000

二　社会公众综合满意度调查结果

调查结果显示，如图5所示，2021年河北省食品安全社会公众综合满意度为83.18%，较2020年的83.15%提升了0.03个百分点。

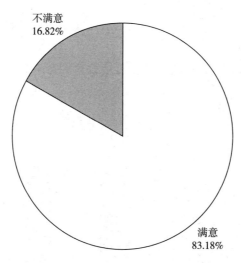

不满意
16.82%

满意
83.18%

图5　2021年河北省食品安全社会公众综合满意度

分类别看，如图6所示，2021年河北省城镇居民的食品安全综合满意度为83.29%，略高于乡村居民0.07个百分点。

分年龄看，如图7所示，40岁以上居民的评价高于40岁及以下居民的评价。其中61~70岁居民的评价最高，为83.63%；其次为41~50岁和51~60岁居民的评价，分别为83.47%和83.44%；而18~30岁居民的评价较低，为83.12%。

分文化程度看，如图8所示，随着居民文化程度的提高，居民对食品安全综合满意度的评价呈现下降趋势，其中具有"小学及

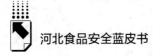

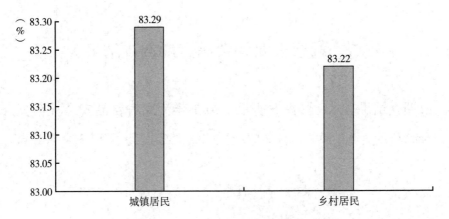

图6 2021年河北省食品安全社会公众综合满意度（分类别）

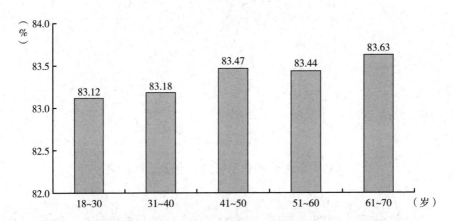

图7 2021年河北省食品安全社会公众综合满意度（分年龄）

以下"文化程度的居民评价最高，为83.56%；而具有"大学（大专及以上）"文化程度的居民评价较低，为83.15%。

分职业身份看，如图9所示，除其他人员外，不同职业身份的居民对食品安全综合评价的差异性不显著，其中学生的评价略高，为83.43%；其次是务农人员、个体商户和退休/离休人员，分别为83.41%、83.35%和83.35%；而公司职员、事业单位/公

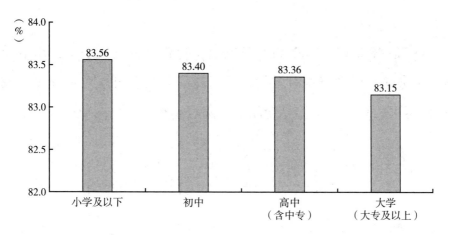

图8 2021年河北省食品安全社会公众综合满意度（分文化程度）

务人员和自由职业者的评价略低，分别为82.99%、83.12%和83.26%。

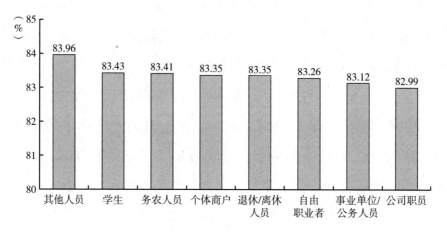

图9 2021年河北省食品安全社会公众综合满意度（分职业身份）

综合以上居民特征来看：

一是城镇和乡村居民的评价差异不大。

二是40岁以上具有高中以下文化程度的个体商户、务农人员

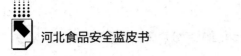

的评价相对较高。

三是 40 岁以下具有高中及以上文化程度的公司职员、事业单位/公务人员的评价相对较低，说明此部分社会公众对本地食品安全的诉求较高，这可能是食品安全满意度水平不高的原因之一。

三 社会公众对各分项指标的评价

（一）总体情况

在各分项指标满意度方面，调查结果显示，如图 10 所示，在四项一级指标当中，社会公众对地方党委、政府食品安全保障工作的满意度评价最高，为 83.55%；其次是对主要食品种类、主要食品经营场所的评价，分别为 83.37% 和 83.01%；而对食品安全总体状况的评价为 82.73%，低于综合水平 0.45 个百分点。整体上看，四项一级指标满意度水平的差异化程度不大，极差①仅为 0.82 个百分点。

分类别看，如图 11 所示，乡村居民对食品安全总体状况评价高于城镇居民 0.35 个百分点，分别为 83.82% 和 83.47%，而在地方党委、政府食品安全保障工作，主要食品种类和主要食品经营场所方面，城镇居民的评价均高于乡村居民的评价。

分年龄看，如图 12 所示，在食品安全总体状况方面，各年龄阶段居民的评价差异化程度不大，位于 83.45% 和 83.73% 之间，极差仅为 0.28 个百分点。在地方党委、政府食品安全保障工作方面，

---

① 极差＝最大值−最小值。

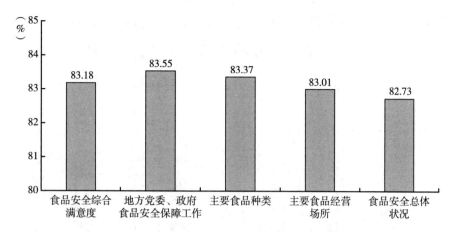

图 10　2021 年河北省社会公众食品安全分项指标满意度

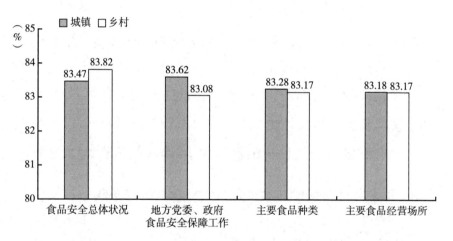

图 11　2021 年河北省社会公众食品安全分项指标满意度（分类别）

各年龄阶段居民的评价具有显著的差异性，其中 61~70 岁居民的
评价最高，为 84.27%；31~40 岁居民的评价最低，为 83.12%。在
主要食品种类方面，51~60 岁居民的评价最高，为 83.58%；其次
是 41~50 岁居民的评价，为 83.53%；而 18~30 岁居民的评价最
低，为 82.94%。在主要食品经营场所方面，61~70 岁居民的评价

最高，为 83.73%；60 岁及以下居民的评价均低于 83.30%，其中
31~40 岁居民的评价最低，为 83.05%。

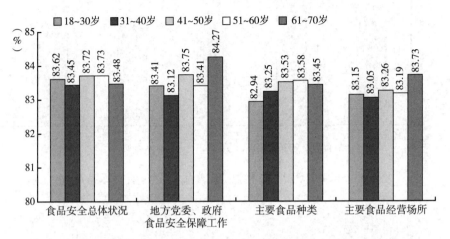

图 12　2021 年河北省社会公众食品安全分项指标满意度（分年龄）

分文化程度看，如图 13 所示，在食品安全总体状况方面，具
有初中文化程度的居民评价最高，为 83.78%；具有大学（大专及
以上）文化程度的居民评价最低，为 83.50%。而在地方党委、政

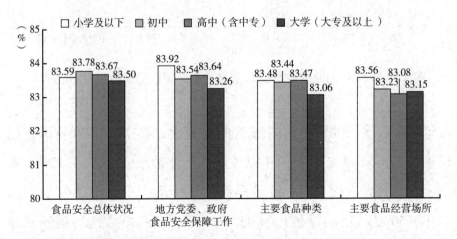

图 13　2021 年河北省社会公众食品安全分项指标满意度（分文化程度）

府食品安全保障工作，主要食品种类和主要食品经营场所方面，具有小学及以下文化程度的居民评价最高，随着文化程度的提高，上述三项指标的评价均呈现不同幅度的下降趋势。

分居民职业身份看，如图 14 所示。

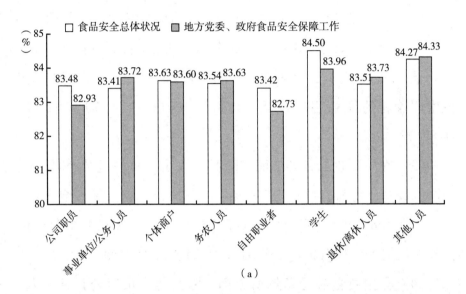

（a）

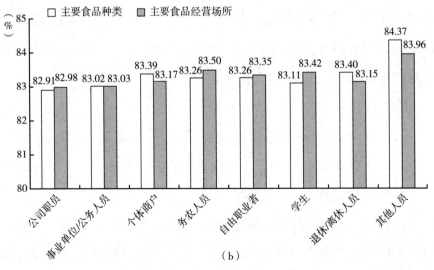

（b）

图 14　2021 年河北省社会公众食品安全分项指标满意度（分职业身份）

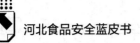

（1）在食品安全总体状况方面，除其他人员以外，学生的评价最高，为84.50%；其次是个体商户和务农人员，分别为83.63%和83.54%；而事业单位/公务人员和自由职业者的评价相对较低，分别为83.41%和83.42%。

（2）在地方党委、政府食品安全保障工作方面，除其他人员以外，学生的评价最高，为83.96%；其次为退休/离休人员和事业单位/公务人员，分别为83.73%和83.72%；而公司职员和自由职业者的评价相对较低，均低于83.00%，分别为82.93%和82.73%。

（3）在主要食品种类方面，除其他人员以外，退休/离休人员的评价最高，为83.40%；其次为个体商户、务农人员和自由职业者，分别为83.39%、83.26%和83.26%，而公司职员和事业单位/公务人员的评价相对较低，分别为82.91%和83.02%。

（4）在主要食品经营场所方面，除其他人员以外，务农人员的评价最高，为83.50%；其次为学生和自由职业者，分别为83.42%和83.35%；而公司职员和事业单位/公务人员的评价相对较低，分别为82.98%和83.03%。

综上所述：

（1）对于食品安全总体状况：具有"城镇"、"31~40岁"、"大学（大专及以上）"、"事业单位/公务人员"和"自由职业者"特征的居民评价相对较低。

（2）对于地方党委、政府食品安全保障工作：具有"乡村"、"31~40岁"、"大学（大专及以上）"、"公司职员"和"自由职业者"特征的居民评价相对较低。

（3）对于主要食品种类食品安全状况：具有"乡村"、"18～30岁"、"大学（大专及以上）"、"公司职员"和"事业单位/公务人员"特征的居民评价相对较低。

（4）对于主要食品经营场所食品安全状况：具有"乡村"、"31～40岁"、"高中（含中专）"、"公司职员"和"事业单位/公务人员"特征的居民评价相对较低。

（二）各市（区）、省直管县情况

1. 食品安全总体状况

2021年河北省各市（区）、省直管县社会公众对"您对本地食品安全总体状况感到满意吗？"的评价结果中，石家庄市、张家口市和唐山市居全省前三，均高于86.00%，分别为86.99%、86.34%和86.25%，衡水市、邯郸市、廊坊市和邢台市也均高于全省82.73%的平均水平。整体上看，全省各市（区）、省直管县社会公众对本地食品安全总体状况评价的极差为8.49个百分点，说明全省各市（区）、省直管县之间的差异化程度较为显著。

2. 地方党委、政府食品安全保障工作

2021年河北省各市（区）、省直管县社会公众对"您对本地党委、政府为保障食品安全所做的工作满意吗？"的评价结果中，秦皇岛市、承德市和保定市居全省前三，均高于85.00%，分别为88.57%、86.09%和85.83%，石家庄市和廊坊市也均高于全省83.55%的平均水平。整体上看，全省各市（区）、省直管县社会公众对本地党委、政府食品安全保障工作评价的极差为9.60个百分点，说明全省各市（区）、省直管县之间的差异化程度较为显著。

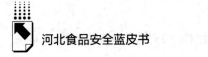

3. 主要食品种类

2021 年河北省各市（区）、省直管县社会公众对"您对本地主要食品的安全状况满意吗?"的评价结果中，廊坊市、秦皇岛市和唐山市居全省前三，均高于 84.00%，分别为 84.83%、84.71% 和 84.44%，衡水市、雄安新区、邢台市和石家庄市也均高于全省 83.37% 的平均水平。整体上看，全省各市（区）、省直管县社会公众对本地主要食品种类的食品安全状况评价的极差为 3.34 个百分点，说明全省各市（区）、省直管县之间的差异化程度一般或不显著。

4. 主要食品经营场所

2021 年河北省各市（区）、省直管县社会公众对"您在本地通过以下渠道购买食品时，对食品的安全状况满意吗?"的评价结果中，石家庄市、承德市和沧州市居全省前三，分别为 85.07%、84.47% 和 83.71%，唐山市、廊坊市和邢台市也均高于全省 83.01% 的平均水平。整体上看，全省各市（区）、省直管县中社会公众对本地主要食品经营场所的食品安全状况评价的极差为 3.83 个百分点，说明全省各市（区）、省直管县之间的差异化程度一般或不显著。

四　社会公众对主要食品种类的评价

（一）总体情况

调查结果显示，如图 15 所示，社会公众对主要食品种类方面的评价均高于 82.00%，其中对"肉、肉制品"的评价最高，为 83.91%；其次是"蔬菜、水果"和"酒水、饮料"，分别为

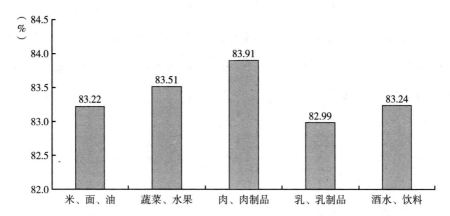

图15 2021年河北省社会公众对主要食品种类食品安全状况的评价

83.51%和83.24%；对"米、面、油"的评价为83.22%；对"乳、乳制品"的评价较低，为82.99%。

（二）各市（区）、省直管县情况

1.米、面、油

2021年河北省各市（区）、省直管县社会公众对本地"米、面、油"食品安全状况的评价结果中，廊坊市、承德市和秦皇岛市居全省前三，均高于84.00%，分别为88.00%、85.21%和84.72%，保定市、邯郸市、唐山市和定州市也均高于全省83.22%的平均水平。整体上看，全省各市（区）、省直管县社会公众对本地"米、面、油"食品安全状况的评价的极差为7.68个百分点，说明全省各市（区）、省直管县之间的差异化程度较为显著。

2.蔬菜、水果

2021年河北省各市（区）、省直管县社会公众对本地"蔬菜、

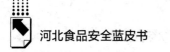

水果"食品安全状况的评价结果中，衡水市、石家庄市和邢台市居全省前三，均高于 85.00%，分别为 88.10%、87.30% 和 85.92%，沧州市、唐山市、雄安新区和廊坊市也均高于全省 83.51%的平均水平。整体上看，全省各市（区）、省直管县社会公众对本地"蔬菜、水果"食品安全状况的评价的极差为9.25个百分点，说明全省各市（区）、省直管县之间的差异化程度较为显著。

3. 肉、肉制品

2021 年河北省各市（区）、省直管县社会公众对本地"肉、肉制品"食品安全状况的评价结果中，雄安新区、定州市和秦皇岛市居全省前三，均高于 87.00%，分别为 88.83%、87.63% 和 87.63%，邢台市、辛集市和张家口市也均高于全省 83.91%的平均水平。整体上看，全省各市（区）、省直管县社会公众对本地"肉、肉制品"食品安全状况的评价的极差为8.84个百分点，说明全省各市（区）、省直管县之间的差异化程度较为显著。

4. 乳、乳制品

2021 年河北省各市（区）、省直管县社会公众对本地"乳、乳制品"食品安全状况的评价结果中，定州市、张家口市和唐山市居全省前三，均高于 85.00%，分别为 87.42%、86.39% 和 85.72%，保定市、辛集市、雄安新区和秦皇岛市也均高于全省 82.90%的平均水平。整体上看，全省各市（区）、省直管县社会公众对本地"乳、乳制品"食品安全状况的评价的极差为9.52个百分点，说明全省各市（区）、省直管县之间的差异化程度较为显著。

5. 酒水、饮料

2021 年河北省各市（区）、省直管县社会公众对本地"酒水、饮料"食品安全状况的评价结果中，廊坊市、秦皇岛市和唐山市居全省前三，均高于 85.00%，分别为 87.92%、85.79% 和 85.46%，石家庄市、衡水市、沧州市和邢台市也均高于全省 83.24%的平均水平。整体上看，全省各市（区）、省直管县社会公众对本地"酒水、饮料"食品安全状况的评价的极差为 8.83 个百分点，说明全省各市（区）、省直管县之间的差异化程度较为显著。

五 社会公众对主要食品经营场所的评价

（一）总体情况

调查结果显示，如图 16 所示，社会公众对主要食品经营场所食品安全状况的评价均高于 82.00%，其中对"农贸市场"的食品安全状况评价最高，为 84.31%；其次是"网络订餐"为 83.16%；而对"饭店、餐馆"和"商场、超市"的食品安全状况评价略低，分别为 82.36%和 82.20%。

（二）各市（区）、省直管县情况

1. 商场、超市

2021 年河北省各市（区）、省直管县社会公众对本地"商场、超市"食品安全状况的评价结果中，廊坊市、雄安新区和唐山市居全省前三，均高于 83.00%，分别为 86.56%、83.93% 和 83.13%，邯郸市、石家庄市、辛集市和邢台市也均高于全省 82.20%的平均水平。整体上看，全省各市（区）、省直管县社会公

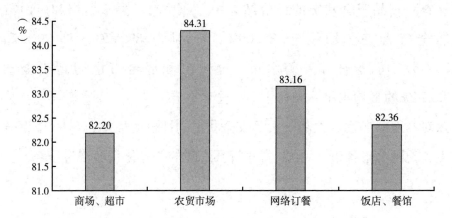

图16 2021 年河北省社会公众对主要食品经营场所食品安全状况的评价

众对本地"商场、超市"食品安全状况评价的极差为 6.98 个百分点，说明全省各市（区）、省直管县之间的差异化程度较为显著。

2. 农贸市场

2021 年河北省各市（区）、省直管县社会公众对本地"农贸市场"食品安全状况的评价结果中，承德市、唐山市和秦皇岛市居全省前三，均高于 86.00%，分别为 87.03%、87.01%和 86.97%，石家庄市、沧州市、邯郸市和衡水市也均高于全省 84.31%的平均水平。整体上看，全省各市（区）、省直管县社会公众对本地"农贸市场"食品安全状况评价的极差为 7.68 个百分点，说明全省各市（区）、省直管县之间的差异化程度较为显著。

3. 网络订餐

2021 年河北省各市（区）、省直管县社会公众对本地"网络订餐"食品安全状况的评价结果中，石家庄市、沧州市和邢台市居全省前三，均高于 85.00%，分别为 88.42%、85.79%和 85.79%，承德市、张家口市和辛集市也均高于全省83.16%的平均水平。整体上看，全省各市（区）、省直管县社会公众对本地"网络订餐"食品安全状况评价的极差为8.96个百分点，说明全省各市（区）、省直管县之间的差异化程度较为显著。

4. 饭店、餐馆

2021年河北省各市（区）、省直管县社会公众对本地"饭店、餐馆"食品安全状况的评价结果中，雄安新区、邢台市和承德市居全省前三，均高于84.00%，分别为84.58%、84.58%和84.18%，衡水市、沧州市、张家口市、石家庄市、廊坊市和辛集市也均高于全省82.36%的平均水平。整体上看，全省各市（区）、省直管县社会公众对本地"饭店、餐馆"食品安全状况评价的极差为5.45个百分点，说明全省各市（区）、省直管县之间的差异化程度较为一般。

六 关注的食品安全问题情况

（一）总体情况

调查结果显示，如图17所示，2021年河北省社会公众较为关注的食品安全问题为农药兽药残留超标、小餐饮/小摊点卫生、重金属含量超标、没有明确标识转基因食品、城乡接合部食品安全和违规使用添加剂等问题，其次是农村食品安全问题，对食品过期变质、假冒伪劣食品和散装食品卫生等问题的关注度相对较低。

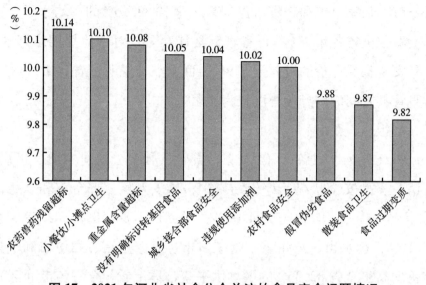

图17　2021年河北省社会公众关注的食品安全问题情况

（二）各市（区）、省直管县情况

2021年河北省各市（区）、省直管县社会公众关注度较高的食品安全问题，与全省整体情况基本一致（见表4），主要集中在重金属含量超标、小餐饮/小摊点卫生和违规使用添加剂等方面。

通过与全省整体情况进行对比可以发现，各市（区）、省直管县还存在一些共性问题之外的社会公众关注度相对较高的食品安全问题。因此各市（区）、省直管县在开展食品安全工作的过程中，应契合本市（区）、省直管县实际，积极采取相关措施重点回应关注度较高的食品安全问题。

通过对调查数据进行深入分析和归纳，部分市（区）、省直管县在共性问题之外的社会公众关注度相对较高的食品安全问题有：违规使用添加剂（邯郸市、邢台市、保定市、衡水市、沧州市、辛集市、雄安新区），农村食品安全（邢台市、秦皇岛市、辛集市），散装食品卫生（秦皇岛市、唐山市、承德市、廊坊市），假冒伪劣食品（石家庄市、廊坊市、定州市），食品过期变质（衡水市）。

表4 2021年河北省各市（区）、省直管县社会公众关注度
较高的食品安全问题

市（区）、省直管县	关注1	关注2	关注3
石家庄市	小餐饮/小摊点卫生	城乡接合部食品安全	假冒伪劣食品
邯郸市	没有明确标识转基因食品	违规使用添加剂	城乡接合部食品安全
邢台市	农村食品安全	违规使用添加剂	重金属含量超标
保定市	城乡接合部食品安全	小餐饮/小摊点卫生	违规使用添加剂
秦皇岛市	小餐饮/小摊点卫生	散装食品卫生	农村食品安全
张家口市	农药兽药残留超标	没有明确标识转基因食品	重金属含量超标
唐山市	农药兽药残留超标	散装食品卫生	重金属含量超标
衡水市	违规使用添加剂	食品过期变质	小餐饮/小摊点卫生
沧州市	小餐饮/小摊点卫生	城乡接合部食品安全	违规使用添加剂
承德市	重金属含量超标	农药兽药残留超标	散装食品卫生
廊坊市	农药兽药残留超标	假冒伪劣食品	散装食品卫生
定州市	假冒伪劣食品	没有明确标识转基因食品	小餐饮/小摊点卫生
辛集市	重金属含量超标	农村食品安全	违规使用添加剂
雄安新区	违规使用添加剂	城乡接合部食品安全	重金属含量超标

七 食品安全监管举措有效性情况

（一）总体情况

调查结果显示，如图18所示，在采取的各监管举措当中，社

会公众认为保健食品行业整治、学校及校园周边食品专项整治、发动群众推行社会多元共治和小作坊/小摊贩/小餐饮的规范化管理等监管举措的有效性评价较高，对餐饮业"明厨亮灶"、各类示范创建活动、推行食品安全责任保险、食品生产集中区域整治提升等举措的有效性评价略低。

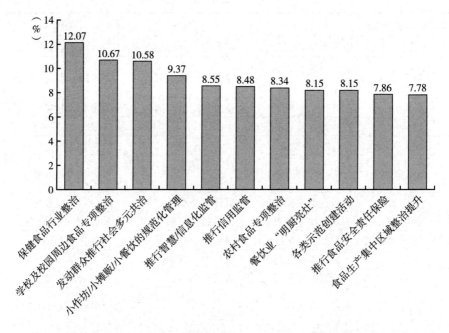

图18　2021年河北省社会公众对监管举措效果的评价

（二）各市（区）、省直管县情况

2021年河北省各市（区）、省直管县社会公众认为有效的食品安全监管举措，与全省整体情况基本一致（见表5），主要集中在学校及校园周边食品专项整治、保健食品行业整治和发动群众推行社会多元共治等方面。

通过与全省整体情况进行对比可以发现，各市（区）、省直管县还存在一些共性评价之外的认为有效的食品安全监管举措。因此各市（区）、省直管县在开展食品安全工作的过程中，应契合本市（区）、省直管县实际，对社会公众认为有效的食品安全监管举措持续发力，对社会公众认为效果不佳的监管举措进行不断改善。

通过对调查数据进行深入分析和归纳，部分市（区）、省直管县在共性评价之外的社会公众认为有效的食品安全监管举措包括各类示范创建活动（邯郸市），餐饮业"明厨亮灶"（秦皇岛市、定州市），农村食品专项整治（张家口市、廊坊市），推行信用监管（张家口市、承德市、辛集市），推行智慧/信息化监管（沧州市、廊坊市、雄安新区），推行食品安全责任保险（承德市、雄安新区）。

表5　河北省各市（区）、省直管县社会公众认为比较有效的监管举措

市（区）、省直管县	举措1	举措2	举措3
石家庄市	发动群众推行社会多元共治	保健食品行业整治	学校及校园周边食品专项整治
邯郸市	保健食品行业整治	小作坊/小摊贩/小餐饮的规范化管理	各类示范创建活动
邢台市	保健食品行业整治	学校及校园周边食品专项整治	发动群众推行社会多元共治
保定市	学校及校园周边食品专项整治	发动群众推行社会多元共治	保健食品行业整治
秦皇岛市	餐饮业"明厨亮灶"	保健食品行业整治	学校及校园周边食品专项整治
张家口市	保健食品行业整治	农村食品专项整治	推行信用监管

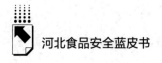

续表

市（区）、省直管县	举措1	举措2	举措3
唐山市	小作坊/小摊贩/小餐饮的规范化管理	学校及校园周边食品专项整治	保健食品行业整治
衡水市	小作坊/小摊贩/小餐饮的规范化管理	学校及校园周边食品专项整治	发动群众推行社会多元共治
沧州市	推行智慧/信息化监管	发动群众推行社会多元共治	学校及校园周边食品专项整治
承德市	推行信用监管	学校及校园周边食品专项整治	推行食品安全责任保险
廊坊市	保健食品行业整治	农村食品专项整治	推行智慧/信息化监管
定州市	小作坊/小摊贩/小餐饮的规范化管理	学校及校园周边食品专项整治	餐饮业"明厨亮灶"
辛集市	发动群众推行社会多元共治	推行信用监管	保健食品行业整治
雄安新区	发动群众推行社会多元共治	推行智慧/信息化监管	推行食品安全责任保险

八　食品安全保障工作建议情况

（一）总体情况

调查结果显示，如图19所示，社会公众对于政府及监管部门在做好食品安全保障工作的建议方面，认为最需要加强的是加大处罚力度，其次是曝光违法企业和加大科普宣传力度。

（二）各市（区）、省直管县情况

2021年河北省各市（区）、省直管县社会公众认为本地党委、

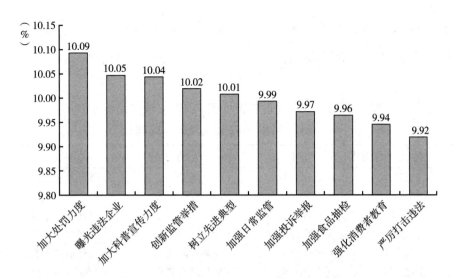

图19 2021年河北省社会公众对保障食品安全工作的建议

政府食品安全保障工作方面，与全省整体情况基本一致（见表6），认为最需要改善的主要集中在加强日常监管、加大科普宣传力度、加强食品抽检、创新监管举措和加大处罚力度等方面。

通过与全省整体情况进行对比可以发现，各市（区）、省直管县还存在一些共性评价之外的应当加强的食品安全保障工作。因此各市（区）、省直管县在开展食品安全保障工作的过程中，应契合本市（区）、省直管县实际，对社会公众认为应当加强的食品安全保障工作，积极采取有效措施给予社会关切，切实提高食品安全保障能力。

通过对调查数据进行深入分析和归纳，部分市（区）、省直管县在共性评价之外的社会公众认为应当加强的食品安全保障工作有：曝光违法企业（石家庄市、邢台市、唐山市、承德市），加强投诉举报（邯郸市、张家口市、衡水市），树立先进典型（邢台

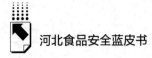

市、张家口市、承德市），强化消费者教育（秦皇岛市、廊坊市），严厉打击违法（定州市）。

表6　2021年河北省各市（区）、省直管县社会公众
对食品安全保障工作的建议

市(区)、省直管县	建议1	建议2	建议3
石家庄市	加强日常监管	加大处罚力度	曝光违法企业
邯郸市	加大科普宣传力度	加强投诉举报	加强食品抽检
邢台市	树立先进典型	加大科普宣传力度	曝光违法企业
保定市	加大处罚力度	加大科普宣传力度	加强食品抽检
秦皇岛市	加大科普宣传力度	加强食品抽检	强化消费者教育
张家口市	树立先进典型	加强日常监管	加强投诉举报
唐山市	曝光违法企业	加强食品抽检	加大处罚力度
衡水市	加强投诉举报	创新监管举措	加大处罚力度
沧州市	加大处罚力度	创新监管举措	加强食品抽检
承德市	树立先进典型	加强日常监管	曝光违法企业
廊坊市	强化消费者教育	加大科普宣传力度	加强日常监管
定州市	创新监管举措	严厉打击违法	加强日常监管
辛集市	加强日常监管	创新监管举措	加强食品抽检
雄安新区	加大科普宣传力度	创新监管举措	加强日常监管

B.14
后　记

　　《河北食品安全研究报告（2022）》（以下简称《报告》）在相关部门的大力支持和课题组成员的共同努力下顺利出版。《报告》全面展示了2021年河北省食品安全状况，客观总结了河北省食品安全保障工作的创新实践及有益探索。

　　参与编写的人员有李培武、王旗、赵少波、张建峰、赵清、郄东翔、甄云、马宝玲、李慧杰、郝建博、陈昊青、魏占永、李越博、边中生、李海涛、冯琳、崔玉革、卢江河、张春旺、滑建坤、赵小月、孙慧莹、杜艳敏、王琳、刘新、孙福江、曹彦卫、宋军、刘凌云、郑俊杰、韩绍雄、柴永金、刘琼、李杨薇宇、李树昭、万顺崇、朱金娈、吕红英、李晓龙、王建锋、李鹏、刘琼辉、张兆辉、董存亮、张鹏、任怡卿、张秋艺、赵娜、王英浩、芦保华、王中原、王丽娜、王鸿雁、王明定、张军、张丽雪、李辉、李靖等。

　　编写过程中，课题组得到了有关省直部门、行业协会和研究机构的积极协助，河北省人大常委会法工委、对外经济贸易大学、河北经贸大学给予了大力支持。在此，向所有在编写工作中付出辛勤劳动的各位领导、专家、同人表示由衷的感谢！特别向提供大量素材并提供宝贵修改意见建议的各部门相关处室（单位）、机构表示诚挚谢意。

　　最后，恳请社会各界对《报告》提出批评建议，我们将努力呈现更好的作品。

社会科学文献出版社

皮 书

智库成果出版与传播平台

❖ 皮书定义 ❖

皮书是对中国与世界发展状况和热点问题进行年度监测，以专业的角度、专家的视野和实证研究方法，针对某一领域或区域现状与发展态势展开分析和预测，具备前沿性、原创性、实证性、连续性、时效性等特点的公开出版物，由一系列权威研究报告组成。

❖ 皮书作者 ❖

皮书系列报告作者以国内外一流研究机构、知名高校等重点智库的研究人员为主，多为相关领域一流专家学者，他们的观点代表了当下学界对中国与世界的现实和未来最高水平的解读与分析。截至2021年底，皮书研创机构逾千家，报告作者累计超过10万人。

❖ 皮书荣誉 ❖

皮书作为中国社会科学院基础理论研究与应用对策研究融合发展的代表性成果，不仅是哲学社会科学工作者服务中国特色社会主义现代化建设的重要成果，更是助力中国特色新型智库建设、构建中国特色哲学社会科学"三大体系"的重要平台。皮书系列先后被列入"十二五""十三五""十四五"时期国家重点出版物出版专项规划项目；2013~2022年，重点皮书列入中国社会科学院国家哲学社会科学创新工程项目。

皮书网

（网址：www.pishu.cn）

发布皮书研创资讯，传播皮书精彩内容
引领皮书出版潮流，打造皮书服务平台

栏目设置

◆ 关于皮书

何谓皮书、皮书分类、皮书大事记、
皮书荣誉、皮书出版第一人、皮书编辑部

◆ 最新资讯

通知公告、新闻动态、媒体聚焦、
网站专题、视频直播、下载专区

◆ 皮书研创

皮书规范、皮书选题、皮书出版、
皮书研究、研创团队

◆ 皮书评奖评价

指标体系、皮书评价、皮书评奖

◆ 皮书研究院理事会

理事会章程、理事单位、个人理事、高级
研究员、理事会秘书处、入会指南

所获荣誉

◆ 2008 年、2011 年、2014 年，皮书网均
在全国新闻出版业网站荣誉评选中获得
"最具商业价值网站"称号；

◆ 2012 年，获得"出版业网站百强"称号。

网库合一

2014 年，皮书网与皮书数据库端口合
一，实现资源共享，搭建智库成果融合创
新平台。

皮书网　　　"皮书说"　　　皮书微博
　　　　　微信公众号

权威报告·连续出版·独家资源

皮书数据库
ANNUAL REPORT(YEARBOOK)
DATABASE

分析解读当下中国发展变迁的高端智库平台

所获荣誉

- 2020年，入选全国新闻出版深度融合发展创新案例
- 2019年，入选国家新闻出版署数字出版精品遴选推荐计划
- 2016年，入选"十三五"国家重点电子出版物出版规划骨干工程
- 2013年，荣获"中国出版政府奖·网络出版物奖"提名奖
- 连续多年荣获中国数字出版博览会"数字出版·优秀品牌"奖

皮书数据库

"社科数托邦"
微信公众号

成为会员

登录网址www.pishu.com.cn访问皮书数据库网站或下载皮书数据库APP，通过手机号码验证或邮箱验证即可成为皮书数据库会员。

会员福利

- 已注册用户购书后可免费获赠100元皮书数据库充值卡。刮开充值卡涂层获取充值密码，登录并进入"会员中心"—"在线充值"—"充值卡充值"，充值成功即可购买和查看数据库内容。
- 会员福利最终解释权归社会科学文献出版社所有。

社会科学文献出版社 皮书系列
SOCIAL SCIENCES ACADEMIC PRESS (CHINA)

卡号：763433724395
密码：

数据库服务热线：400-008-6695
数据库服务QQ：2475522410
数据库服务邮箱：database@ssap.cn
图书销售热线：010-59367070/7028
图书服务QQ：1265056568
图书服务邮箱：duzhe@ssap.cn

基本子库
SUB DATABASE

中国社会发展数据库（下设 12 个专题子库）

紧扣人口、政治、外交、法律、教育、医疗卫生、资源环境等 12 个社会发展领域的前沿和热点，全面整合专业著作、智库报告、学术资讯、调研数据等类型资源，帮助用户追踪中国社会发展动态、研究社会发展战略与政策、了解社会热点问题、分析社会发展趋势。

中国经济发展数据库（下设 12 专题子库）

内容涵盖宏观经济、产业经济、工业经济、农业经济、财政金融、房地产经济、城市经济、商业贸易等 12 个重点经济领域，为把握经济运行态势、洞察经济发展规律、研判经济发展趋势、进行经济调控决策提供参考和依据。

中国行业发展数据库（下设 17 个专题子库）

以中国国民经济行业分类为依据，覆盖金融业、旅游业、交通运输业、能源矿产业、制造业等 100 多个行业，跟踪分析国民经济相关行业市场运行状况和政策导向，汇集行业发展前沿资讯，为投资、从业及各种经济决策提供理论支撑和实践指导。

中国区域发展数据库（下设 4 个专题子库）

对中国特定区域内的经济、社会、文化等领域现状与发展情况进行深度分析和预测，涉及省级行政区、城市群、城市、农村等不同维度，研究层级至县及县以下行政区，为学者研究地方经济社会宏观态势、经验模式、发展案例提供支撑，为地方政府决策提供参考。

中国文化传媒数据库（下设 18 个专题子库）

内容覆盖文化产业、新闻传播、电影娱乐、文学艺术、群众文化、图书情报等 18 个重点研究领域，聚焦文化传媒领域发展前沿、热点话题、行业实践，服务用户的教学科研、文化投资、企业规划等需要。

世界经济与国际关系数据库（下设 6 个专题子库）

整合世界经济、国际政治、世界文化与科技、全球性问题、国际组织与国际法、区域研究 6 大领域研究成果，对世界经济形势、国际形势进行连续性深度分析，对年度热点问题进行专题解读，为研判全球发展趋势提供事实和数据支持。

法律声明

"皮书系列"（含蓝皮书、绿皮书、黄皮书）之品牌由社会科学文献出版社最早使用并持续至今，现已被中国图书行业所熟知。"皮书系列"的相关商标已在国家商标管理部门商标局注册，包括但不限于LOGO（▒）、皮书、Pishu、经济蓝皮书、社会蓝皮书等。"皮书系列"图书的注册商标专用权及封面设计、版式设计的著作权均为社会科学文献出版社所有。未经社会科学文献出版社书面授权许可，任何使用与"皮书系列"图书注册商标、封面设计、版式设计相同或者近似的文字、图形或其组合的行为均系侵权行为。

经作者授权，本书的专有出版权及信息网络传播权等为社会科学文献出版社享有。未经社会科学文献出版社书面授权许可，任何就本书内容的复制、发行或以数字形式进行网络传播的行为均系侵权行为。

社会科学文献出版社将通过法律途径追究上述侵权行为的法律责任，维护自身合法权益。

欢迎社会各界人士对侵犯社会科学文献出版社上述权利的侵权行为进行举报。电话：010-59367121，电子邮箱：fawubu@ssap.cn。

社会科学文献出版社